环渤海雾天气宏微观统计特征及湍流输送

主　编：吴彬贵
副主编：鞠婷婷　田　梦　刘　晴
　　　　张　雷　靳振华

气象出版社
China Meteorological Press

内 容 简 介

本书立足于大雾边界层观测统计分析结果基础,结合数值模拟方法进一步开展定量研究,其特色包括:利用多源资料分析得到黄海、渤海各等级能见度的季节和区域分布特征;利用 255 m 气象观测塔的 15 层高频气象梯度及 5 层涡动观测资料,分析得到雾过程大气边界层气象要素及大气湍流能量输送统计特征;结合对雾滴谱和气溶胶观测资料分析,认识了雾爆发增强特点、成因及与大气细粒子的相互作用,并总结了国内外能见度参数化方案在环渤海大雾中的应用表现;针对雾厚度观测资料严重缺乏而近地层通量站日益增多的现状,研发了应用近地层通量估算辐射雾厚度的参数化新方案。

本书的主要读者对象是从事大气边界层、气溶胶、卫星反演雾研究的人员和天气预报业务人员,尤其是对从事天气模式和大气边界层模式研发的人员来说,可为他们提供很好的观测事实和研发思路。也可供高等院校研究生和教师参考。

图书在版编目(CIP)数据

环渤海雾天气宏微观统计特征及湍流输送 / 吴彬贵
主编. -- 北京 : 气象出版社, 2024. 7. -- ISBN 978-7-
5029-8240-9

Ⅰ. P468.0

中国国家版本馆 CIP 数据核字第 2024310RX4 号

环渤海雾天气宏微观统计特征及湍流输送
Huan Bohai Wu Tianqi Hongweiguan Tongji Tezheng ji Tuanliu Shusong

---

出版发行:气象出版社	
地 址:北京市海淀区中关村南大街 46 号	**邮政编码:**100081
电 话:010-68407112(总编室) 010-68408042(发行部)	
网 址:http://www.qxcbs.com	**E-mail:** qxcbs@cma.gov.cn
责任编辑:陈 红	**终 审:**张 斌
责任校对:张硕杰	**责任技编:**赵相宁
封面设计:艺点设计	
印 刷:北京建宏印刷有限公司	
开 本:787 mm×1092 mm 1/16	**印 张:**10
字 数:256 千字	
版 次:2024 年 7 月第 1 版	**印 次:**2024 年 7 月第 1 次印刷
定 价:90.00 元	

本书如存在文字不清、漏印以及缺页、倒页、脱页等,请与本社发行部联系调换。

序

  雾是接地面的云，是水汽达到饱和凝结成悬浮于空中的小水滴或小冰晶从而影响大气能见度的一种天气现象。近年来，人类活动排放的气溶胶不断增加，其在高湿大气中的物理、化学过程导致雾、霾共存天气频频出现。雾天气生消过程不仅受天气环流和中尺度环流的影响，也受到人类活动排放的气溶胶、海-陆-气物质及能量湍流输送的影响，这些影响因素和相应的物理、化学过程是目前学术界重要的科学问题，更是科学难题。

  雾天气出现的地域性很强，国外学者针对北美西海岸、纽芬兰岛及千岛群岛周边等大雾多发地区开展了较多研究，中国领海沿岸也是大雾多发地区。我国对环渤海地区大雾有近 50 年的研究历史，本书中利用近年来天基、地面垂直廓线、涡动观测等加密资料，拓展了环渤海大雾时空分布特征和雾生消机理的认识，如环渤海低空急流、渤海海效应对雾生消影响方面的研究成果，弥补了对该地区雾天气生消机理认识的不足。

  我初识吴彬贵同志是 2011 年担任她的北京大学博士研究生学位论文答辩委员会主席时，审阅论文和答辩过程中，欣喜地看到她将雾天气的天气学环流与区域湍流输送的影响和作用相融合，用于解决雾天气过程湍流运动机理问题，这是她多年预报员工作积累和博士学习阶段理论提高结合的结果，当时很赞叹她对气象研究不断深耕的热情和努力。时隔 11 年的 2022年，我担任吴彬贵同志负责的"面向近海船舶营运的高影响天气预报及风险预警关键技术"项目成果鉴定组组长，发现她潜心雾天气湍流过程的难题研究和应用，对环渤海雾的宏观天气条件、微观雾滴谱特征及区域大气湍流输送对雾生消影响的认识均有显著的提升，其多年的研究成果促进了环渤海地区雾天气预报准确率的提高。本书汇集了她和她的研究团队在环渤海地区大雾天气规律、大气边界层气象特征、大气湍流输送机理和雾滴谱等微物理方面以及结合数值模拟技术对雾天气影响因子定量分析等方面的一系列研究成果。

  中国是大雾多发地区之一，沿海及内陆地区一年四季均有可能发生大雾天气，雾天气预报具有很大的挑战性，观测分析研究是认识雾生消机理的基础。随着多技术手段获取气象观测资料不断丰富，一方面，可以提供更多的雾天气过程的高精度观测资料，另一方面，也对数值模式预报水平提出了更高的要求。该书的出版，有助于与雾天气有关的气象和环境学科学者更充分利用高精度观测资料探讨雾、霾生消发展机理，进一步提高雾、霾天气预报水平，为防灾减灾做出贡献。

中国工程院院士

（徐祥德）

2024 年 2 月

前　言

　　雾是在不同时间和空间尺度上活动的各种物理、化学、动力和辐射过程共同作用的结果。环渤海地区大城市密集分布,港口众多,海陆空交通负荷量大,大雾及其带来的低能见度天气是影响该地区运输、工农业生产、海洋捕捞和人们正常生活的灾害性天气之一。随着"京津冀一体化"和"一带一路"建设,雾灾害对该地区海、陆、空交通运输以及国民经济的影响越来越大,认知雾天气生消机理,提高雾预报能力对于规避灾害风险非常有意义。

　　中国东部沿海、韩国西部沿岸、北美西海岸、纽芬兰岛、千岛群岛周边,均是大雾多发地区。科学家们针对以上地区雾天气取得了涵盖天气气候背景、大气边界层及微物理特征观测分析、数值模拟等多方面的研究成果。近10年来,在国家自然科学基金委员会、科技部、中国气象局和天津市政府项目的支持下,本团队立足大雾边界层实验研究,开展大雾低能见度分布规律、大气边界层气象要素、大气湍流输送以及雾滴谱等微气象特征研究,并采用数值模拟技术对观测分析结果进一步定量论证。本书归纳了本团队近年针对环渤海地区大雾生消过程大气边界层影响开展研究的系列成果。

　　全书共分为7章。第1章:环渤海能见度及雾分布特征,张雷负责,郭阳参与撰写;第2章:低空急流特征及对雾的影响,田梦负责,鞠婷婷、吴彬贵参与撰写;第3章:塔层气象与雾生消关系,吴彬贵负责,张宏昇、鞠婷婷、廖云琛参与撰写;第4章:雾过程湍流统计及输送特征,吴彬贵负责,鞠婷婷、张宏昇参与撰写;第5章:"海效应"对环渤海雾过程的影响,田梦负责,靳振华、吴彬贵、杨健博、刘海玲参与撰写;第6章:环渤海雾微观物理结构及对能见度的影响,刘晴负责,龙强、吴彬贵参与撰写;第7章:辐射雾顶高度的表征参量和估算方案,鞠婷婷负责,吴彬贵参与撰写。另外,李宗飞、刘敬乐、聂皓浩、解以扬、王兆宇、朱好等同志也为本书部分内容做出了贡献。全稿审定由吴彬贵负责。技术顾问为北京大学张宏昇教授。

作者

2024 年 1 月

目　录

第 1 章

环渤海能见度及雾分布特征

　　黄海、渤海是中国北方的重要海域,海上航运繁忙。大雾低能见度是影响海上运输的重要气象要素,低能见度容易引起碰撞等海上交通事故,造成人员伤亡、财产损失和环境污染。可以通过更精密的监测,研究更精细的能见度变化特征,从而改进能见度预报(吴兑 等,2009;傅刚 等,2016;牛生杰 等,2016)。以前海上低能见度的研究区域多集中在加拿大东海岸的纽芬兰海域、堪察加半岛以南海域、美国西海岸的加利福尼亚海域、英国苏格兰东北海岸外海域和中国黄海(Koracin,2017;Fu et al.,2014;Philip et al.,2016;Koracin et al.,2014)。

　　低能见度受到人们广泛关注,其中雾是最常见、最严重的低能见度天气,常利用能见度等级来划分雾的强度。影响海上航行的低能见度天气过程主要发生在海洋大气边界层。然而,人们对大气边界层的大部分理解来自于在陆地上开展的研究。国际上已开展了一些海上能见度观测计划,如 CALSPAN、CEWCOM 和 Haar 项目(Goodman,1977;Pilie et al.,1979;Findlater et al.,1989)。通过实际观测,能够获得低能见度形成的海洋大气边界层详细资料,可以提高人们对低能见度相关问题的认识(Moores et al.,2011;Lewis et al.,2003,2004;Oliver et al.,1978)。这些研究能够为低能见度天气的监测和预报提供重要参考,但是,这些观测大多是科学实验,无法获得实时连续的观测数据。

　　由于缺乏海上直接观测数据(樊高峰 等,2016),对黄海、渤海海上能见度时空特征分布的研究较少。如果要对该区域的海上能见度进行有效的监测和预报,就需要改进黄海、渤海海上能见度的观测(傅刚 等,2016;曲平 等,2014;Yang et al.,2022)。

　　近年来,通过部署自动气象站和浮标气象站以及增加船舶观测,黄海、渤海海上能见度观测能力逐步增强。在高时间分辨率自动观测的基础上(图 1.1),本章利用 2019—2021 年的观测资料详细分析了黄海、渤海海上能见度的时空特征。

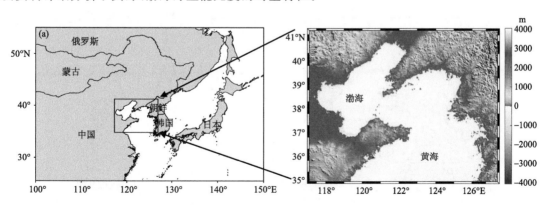

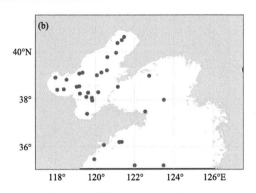

图 1.1　研究区域(a)和观测站(b)的空间分布(红点表示观测站)

1.1　能见度分布特征

1.1.1　能见度的年度和季节特征

　　黄海、渤海高纬度地区的平均能见度高于低纬度地区(图 1.2a)。低能见度区主要分布在黄海西南部。从能见度的季节分布来看(图 1.2b～e),春季能见度总体较低,低能见度区域出现在黄海西南部。秋季的能见度总体较高,高能见度出现在渤海和黄海北部。

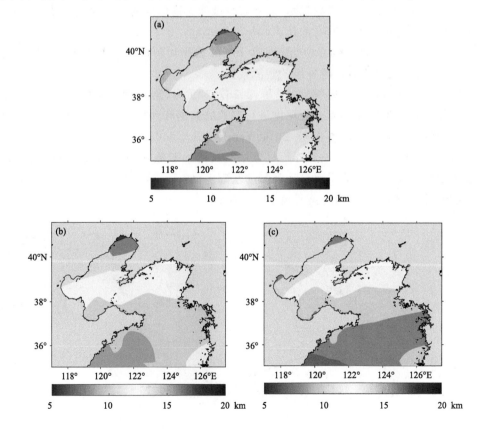

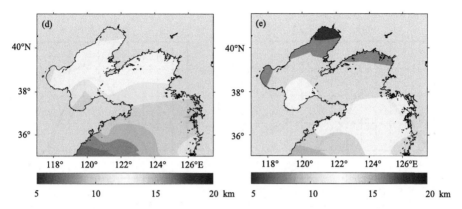

图 1.2　2019—2021 年黄海、渤海年(a)和季节(b.冬季、c.春季、d.夏季、e.秋季)
平均能见度的空间分布

2019—2021 年,黄海、渤海的年平均能见度为 13.346 km,年平均能见度标准差为 4.351 km (表 1.1)。如表 1.1 所示,能见度的最大平均值和中位数出现在秋季,分别为 15.514 km 和 15.696 km。能见度的最小平均值和中位数均发生在夏季,分别为 12.529 km 和 12.312 km (表 1.1)。能见度的平均值和中位数在秋季和夏季存在显著差异。

冬季能见度标准差最大,为 4.749 km;夏季能见度标准差最小,为 3.612 km。虽然冬季和夏季的平均能见度接近,但是冬季能见度的标准差明显大于夏季,表明冬季和夏季的能见度分布存在显著差异。

表 1.1　2019—2021 年黄海、渤海能见度季节平均、中位数和标准差　　　　　　　单位:km

	冬季	春季	夏季	秋季	年
平均	12.757	12.599	12.529	15.514	13.346
中位数	12.489	12.692	12.312	15.696	13.286
标准差	4.749	4.007	3.612	4.231	4.351

数据分析显示,黄海、渤海能见度分布存在明显的季节差异(图 1.3)。PDF(概率密度函数)的最大值在夏季和秋季均大于 0.2,而在冬季和春季 PDF 的最大值都低于 0.2。冬季和春季能见度分布的最大值均在 12~14 km,而夏季和秋季能见度分布最大值分别在 10~12 km 和 16~18 km。冬季低能见度的分布面积最大,秋季高能见度的分布面积最大。

1.1.2　能见度的月际变化特征

从黄海、渤海逐月能见度统计可以看出,9—11 月平均能见度较高,超过 15 km(表 1.2)。2 月和 7 月的平均能见度较小,小于 12 km。最大平均能见度出现在 10 月,为 15.659 km。最小平均能见度出现在 7 月,为 11.677 km。9—11 月的能见度中位数较高,超过 15 km (表 1.2)。2 月和 7 月的能见度中位数较小(不到 12 km)。最大能见度中位数出现在 9 月,为 16.009 km。最小能见度中位数出现在 2 月,为 11.098 km。最大能见度平均值和中位数分别出现在 10 月和 9 月。最小能见度平均值和中位数出现时间分别在 7 月和 2 月。

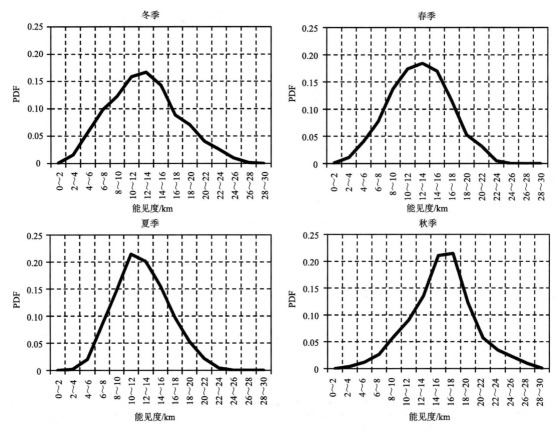

图 1.3 2019—2021 年黄海、渤海能见度的季节分布

表 1.2 2019—2021 年黄海、渤海能见度月平均、中位数和标准差   单位:km

	1 月	2 月	3 月	4 月	5 月	6 月	7 月	8 月	9 月	10 月	11 月	12 月
平均	12.494	11.794	12.101	12.728	12.972	12.268	11.677	13.632	15.635	15.659	15.242	13.902
中位数	12.439	11.098	12.131	12.436	13.174	12.062	11.527	13.782	16.009	15.548	15.444	13.908
标准差	4.386	4.705	4.601	3.841	3.439	3.633	2.906	3.938	3.419	4.533	4.614	4.904

从逐月能见度分布可以看出(图 1.4),逐月能见度中位数的变化与平均值相似。值得注意的是,7 月最高能见度较低,最低能见度较高。能见度标准差的最小值出现在 7 月(2.906 km)(表 1.2)。能见度标准差的最大值出现在 12 月,为 4.904 km。7 月能见度标准差较小,12 月能见度标准差较大(图 1.4),表明 7 月能见度标准差分布较为集中,12 月能见度标准差分布较为分散。

2 月和 7 月的能见度平均值和中位数非常接近,但 2 月的标准差明显大于 7 月,导致 2 月和 7 月的能见度分布存在较大差异。图 1.5 为 2 月和 7 月的累积分布函数(CDF)的对比,2 月小于 6 km 的低能见度发生概率明显大于 7 月,2 月超过 16 km 的高能见度发生概率也明显大于 7 月。虽然 2 月和 7 月的能见度平均值和中位数非常接近,但是 2 月和 7 月的低能见度和高能见度天气出现频次存在显著差异。

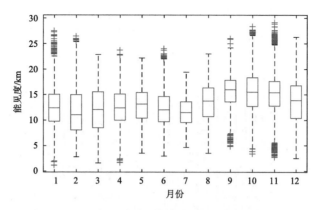

图 1.4　2019—2021 年黄海、渤海能见度逐月分布

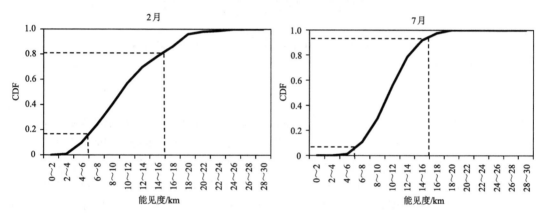

图 1.5　2019—2021 年黄海、渤海 2 月和 7 月能见度的累积分布函数

1.1.3　能见度日内逐时变化特征

从黄海、渤海逐时能见度曲线(图 1.6)可以看出,04—09 时(全书采用北京时)的能见度较低,最低能见度出现在 07 时前后。16—21 时能见度较高,18 时前后的能见度最高。能见度具有明显的日变化特征,日落前后的能见度明显高于日出前后的能见度。

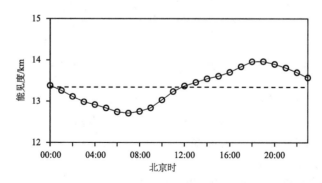

图 1.6　2019—2021 年黄海、渤海逐时平均能见度

从黄海、渤海能见度月和小时的分布(图 1.7)可以看出,9—11 月的能见度明显高于其他月份。6—9 月的 05—09 时见度明显偏低,能见度最低的时段出现在 7 月 07 时左右。9 月 18—21 时存在一个高能见度时段,最高能见度出现在 19 时左右。

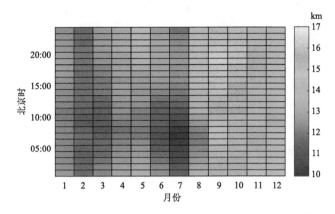

图 1.7　2019—2021 年黄海、渤海能见度月和小时的分布

1.1.4　小于 5 km 的低能见度变化特征

海上航船关注的主要是小于 5 km 的低能见度,能见度越低对海上航船影响越大,本节对 5 km 以下的低能见度进行分级分析。从黄海、渤海低能见度频次月度统计可以看出(图 1.8),11 月至次年 4 月低能见度出现频次较高,其中,3 月最为频繁,7—10 月低能见度发生频次相对较低。2019—2021 年黄海、渤海从 11 月至次年 4 月能见度小于 5 km 的频次较高(在 30 次以上),7—10 月能见度小于 5 km 的频次小于 15 次,5 月和 6 月能见度小于 5 km 的频次在 15～30 次。低能见度出现频次存在明显的年内变化特征。

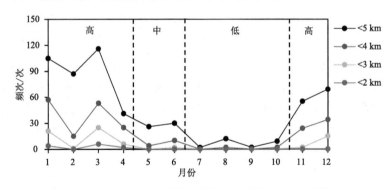

图 1.8　2019—2021 年黄海、渤海逐月低能见度出现频次

从黄海、渤海低能见度的逐时频次可以看出(图 1.9),04—07 时,出现能见度小于 5 km 的次数最多。低能见度在 13—18 时发生的频次较低。日出前后低能见度出现的频次明显高于日落前后。低能见度出现频次逐时曲线与平均能见度逐时曲线相似,表现出明显的日内变化特征,但两条曲线并不完全对应。

从黄海、渤海低能见度的昼夜统计可以看出(图 1.10),低能见度在 11 月至次年 4 月出现最频繁,且在一天中的任何时间都可能发生。在 5—8 月的早晨,低能见度的情况也普遍存在,

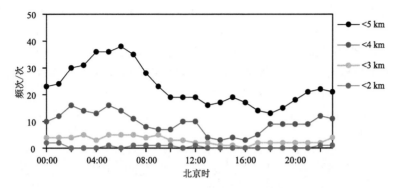

图 1.9　2019—2021 年黄海、渤海逐时低能见度出现频次

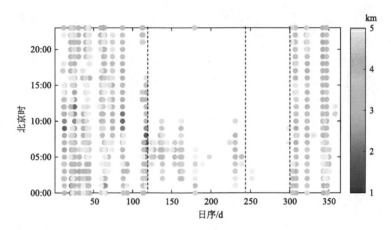

图 1.10　2019—2021 年黄海、渤海低能见度日和小时分布

在其他时间出现低能见度的频次较小。

1.1.5　大雾低能见度分布特征

大雾导致的能见度小于 1 km,对海上航行安全影响极大。本节进一步给出环渤海 2019—2021 年海雾发生的频次、强度的时间特征、空间分布。采用天津市气象信息中心研制的 2019—2021 年渤海 1 h/5 km 海雾多源数据融合产品分析了渤海及其沿岸的海雾空间分布特征,按照能见度不同将海雾分为 4 个等级(表 1.3),统计了不同等级海雾的空间分布特征。

表 1.3　海雾等级划分方法

等级	类型	能见度
level_1	大雾及以上	能见度<1000 m
level_2	浓雾及以上	能见度<500 m
level_3	强浓雾及以上	能见度<200 m
level_4	特强浓雾	能见度<50 m

图 1.11 给出了 2019—2021 年环渤海海雾累计发生时数的空间分布。海上大雾至特强浓雾各级别的海雾,均主要分布在辽东湾至莱州湾一带,呈南北走向,浓雾、强浓雾、特强浓雾等

三个级别的海雾出现时数相近,略少于第一级别的海上大雾。沿岸大雾主要分布在辽东半岛、山东半岛、辽东湾西岸,以及渤海湾西岸乃至华北平原和江淮地区;沿岸浓雾主要位于辽东湾及渤海湾西岸、山东半岛等地,尤其江淮地区分布面积最大;沿岸强浓雾则缩小到辽东湾西岸和渤海湾西岸两个局地与渤海海洋接壤区域。对比海陆雾强度分布看,浓雾、强浓雾和特强浓雾在海上发生较多,主要分布在辽东湾至莱州湾,呈南北走向,以 120°E 为轴线,宽约 60 km,长约 400 km 的渤海中轴区域内。

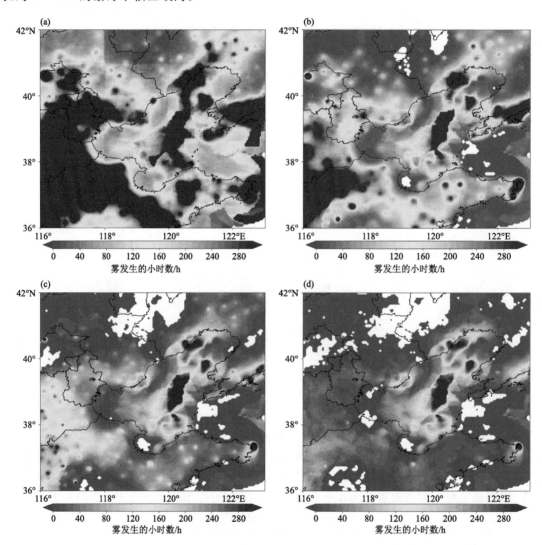

图 1.11 2019—2021 年渤海海雾累计发生时数的空间分布
(a～d 分别对应表 1.3 中 level_1 至 level_4 等级的海雾)

图 1.12 为 2019—2021 年各季渤海海雾累计发生时数的空间分布,就渤海海雾全年各级分布来看,渤海中部海雾始终居多。就季节分布看,渤海海雾主要发生在春季和夏季,这两个季节黄海北部、辽东半岛东岸和山东威海的东部海域大雾发生较多;秋冬季渤海海雾发生较少,而其周边环渤海地区滨海雾相比春季和夏季明显增多。冬季渤海海雾略多于秋季,渤海西岸、山东半岛和辽东湾西北部的陆地雾也多于秋季。

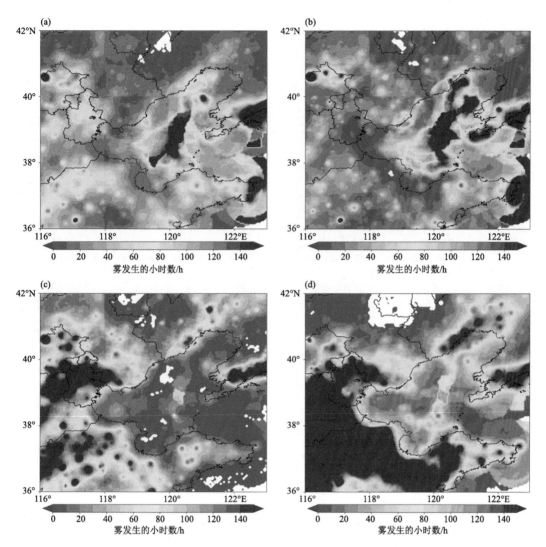

图 1.12　2019—2021 年各季渤海海雾累计发生时数的空间分布
（a～d 分别为春季（3—5 月）、夏季（6—8 月）、秋季（9—11 月）和冬季（12 月至次年 2 月）
level_1 等级海雾的累计时数）

图 1.13 为 2019—2021 年各季渤海强浓雾和特强浓雾累积发生时数的空间分布,渤海强浓雾和特强浓雾主要发生在夏季,其次为春季,秋季和冬季发生较少。春季和夏季辽东半岛东岸和山东威海沿岸的强浓雾和特强浓雾发生较多,冬季渤海西岸和辽东湾西北部的陆地强浓雾和特强浓雾发生较多。

1.2　本章小结

本章重点关注 2019—2021 年黄海、渤海能见度以及渤海海雾低能见度的分布特征,从以上分析可看出,低能见度区域主要分布在黄海西南部。黄海、渤海能见度存在显著的季节差

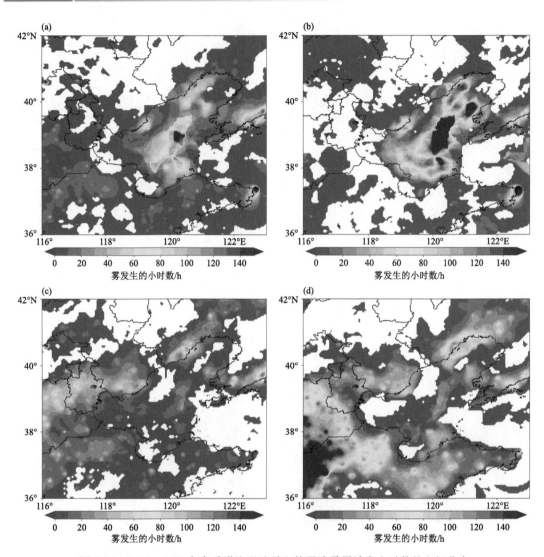

图1.13 2019—2021年各季渤海强浓雾和特强浓雾累计发生时数的空间分布
（a～d分别为春季（3—5月）、夏季（6—8月）、秋季（9—11月）和冬季（12月至次年2月）
level_3等级海雾的累计时数）

异,秋季能见度较高,10月能见度最高。7月能见度最低,该月最大能见度较低、最低能见度较高。黄海、渤海平均能见度具有明显的日内变化,日落前后的能见度明显高于日出前后。04—09时能见度较低,最低能见度多出现在07时前后。16—21时能见度较高,18时前后的能见度最高。小于5 km的平均低能见度在11月至次年4月出现频繁,3月出现最多,通常发生在04—07时。平均低能见度可能发生在11月至次年4月的任一时次,也可能在5—8月的早晨出现,但是在其他时间发生的次数较少。

2019—2021年渤海海雾主要分布在辽东湾至莱州湾海域,强浓雾和特强浓雾主要分布在此区域。渤海海雾的发生存在明显的季节差异,渤海海雾主要发生在春季和夏季,这两个季节辽东半岛东岸和山东威海的沿岸大雾发生较多。秋季渤海海雾发生较少,冬季渤海海雾略多于秋季。渤海强浓雾和特强浓雾主要发生在夏季,其次为春季,秋季和冬季发生较少。春季和夏季辽东半岛东岸和山东威海沿岸的强浓雾和特强浓雾发生较多,冬季渤海西岸和辽东湾西北部的陆地强浓雾和特强浓雾发生较多。

需要说明的是,本研究使用 2019—2021 年的观测数据,数据的时间长度较短。有大量科学证据支持全球污染物水平在新冠肺炎大流行期间下降,一些污染物有能力充当凝结核,污染物排放减少可能导致能见度增大,因此,2020—2021 年黄海、渤海的能见度可能高于平均水平。而且,能见度观测范围虽然覆盖了全部黄海、渤海地区,但观测站的空间分布并不均匀。靠近海岸的观测站密度高于远离海岸的区域,就空间代表性而言,近海和远海之间仍然存在显著差异,黄海、渤海的海洋能见度观测需要持续加强。

第2章

低空急流特征及对雾的影响

多尺度系统对大雾的形成、发展起主导作用,有关海雾生消演变的天气学研究国际上可以追溯到100多年前(Major et al.,1917),中国对海雾的天气系统分析始于王彬华(1983)对黄海海雾的研究。要研究环渤海大雾的生消发展,首先要明晰各尺度系统的影响。本章主要分析低空急流系统对环渤海大雾的影响。

2.1 低空急流的定义

为了分析低空急流的统计特征及其对环渤海雾的影响,低空急流的准确定义和识别极为重要。现有研究基于水平风速的垂直廓线给出了多种识别低空急流的判据(Blackadar,1957;Andreas,2000)。Bonner(1968)通过定义最大风速(V_{max})、最大风速出现的高度以及最大风速与最大风速出现高度之上的最小风速(V_{min})或者是3 km高度风速($V_{3 km}$)的差值($\Delta V = V_{max} - V_{min}$或$V_{max} - V_{3 km}$)的阈值来识别低空急流并对低空急流进行分类。因此,将低空急流分为三类:判据(1)$V_{max} \geqslant 12$ m/s且$\Delta V \geqslant 6$ m/s、判据(2)$V_{max} \geqslant 16$ m/s且$\Delta V \geqslant 8$ m/s和判据(3)$V_{max} \geqslant 20$ m/s且$\Delta V \geqslant 10$ m/s。此判据在后来的研究中被广泛采用,尽管最大风速(V_{max})和风速差(ΔV)的阈值有所不同(Mitchell et al.,1995;Whiteman et al.,1997;Wu et al.,1998;Pham et al.,2008)。基于Bonner(1968)给出的判据,Whiteman等(1997)给出了一个更为简洁的低空急流判据,即若$V_{max} \geqslant 10$ m/s且$\Delta V \geqslant 5$ m/s则被识别为低空急流。针对中国台湾地区,学者们给出了包括最大风速出现的高度、最大风速以及风速垂直切变阈值的一套低空急流判据(Chen et al.,1988,1994,2005)。该判据可以被简化为当$V_{max} \geqslant 10$ m/s且$V_{min} < V_{max}/2$时则被识别为一次低空急流事件。Wei等(2013,2014)给出了新的判据以便于分析不同类别低空急流的累计分布特征。为了对强低空急流和弱低空急流进行准确的区分,基于现有判据有必要给出一个新的分类判据。

基于Bonner(1968)和Wei等(2013)给出的判据,本研究建立了一套新的适用于华北平原地区的低空急流判据。低空急流(LLJ)可被分为五类(LLJ0~LLJ4):

LLJ0:4 m/s$\leqslant V_{max} < 6$ m/s且$\Delta V \geqslant 2$ m/s,

LLJ1:6 m/s$\leqslant V_{max} < 10$ m/s且$\Delta V \geqslant 3$ m/s,

LLJ2:10 m/s$\leqslant V_{max} < 14$ m/s且$\Delta V \geqslant 5$ m/s,

LLJ3:14 m/s$\leqslant V_{max} < 20$ m/s且$\Delta V \geqslant 7$ m/s,

LLJ4:$V_{max} \geqslant 20$ m/s且$\Delta V \geqslant 10$ m/s。

本研究中只要某小时的风廓线数据满足以上判据,即判定为低空急流。

2.2　低空急流的统计特征

2.2.1　低空急流来向

基于本研究给出的低空急流新判据和天津西青站风廓线资料(XQTJ)及 2015 年 1 月至 2016 年 12 月风廓线雷达(Radian CFL-06)采集的数据。西青站(39.09°N,117.07°E)是天津地区唯一的国家基准气候站(图 2.1)。常规的地面观测数据如能见度、气温、降水、相对湿度和比湿数据可从位于同一站点的地面自动气象站获取。与本研究中几次雾过程对应的 250 m 廓线数据均可从位于天津大气边界层观测站(ABLTJ)的 250 m 气象观测塔获得。天津大气边界层观测站(39.08°N,117.21°E)位于西青站的东侧,两站相距约 14 km(图 2.1)。塔上共设置 15 层观测平台,高度分别为 5 m、10 m、20 m、30 m、40 m、60 m、80 m、100 m、120 m、140 m、160 m、180 m、200 m、220 m 和 250 m。每个观测平台分别在南北两个方向上设有探出塔体 4 m 的可伸展式伸臂。每层观测平台均安装有风速、风向和温度传感器;2010 年前,仅 20 m、120 m、250 m 三个高度安装有湿度传感器;2010 年 6 月开始,在 15 层观测平台均安装了湿度传感器。风、温、湿梯度观测仪器分别采用长春气象仪器厂生产的风速风向仪和温度湿度仪,风速、风向、温度和湿度观测为全天候、连续和自动观测,采样间隔为 20 s。

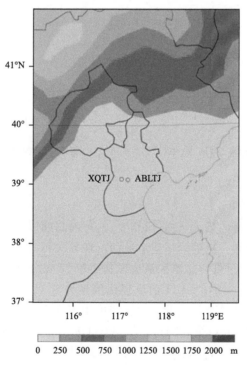

图 2.1　测站的地形

图2.2给出了2016年四个季节低空急流的风向分布。春季出现的低空急流风向分布较为独特,几乎全部的低空急流均出现在210°~240°范围内,意味着春季的低空急流为西南的暖湿气流。夏季的低空急流主要出现在120°~270°范围内,其中180°~240°为主导的低空急流风向。秋季出现的低空急流的风向分布与夏季类似,只是南向急流减小,尤其120°~180°方向急流几乎消失,而60°~120°方向急流增多,即偏东冷空气的出现更为频繁。冬季出现的低空急流的主导风向为330°~360°,其亦为冬季天津的主导风向。

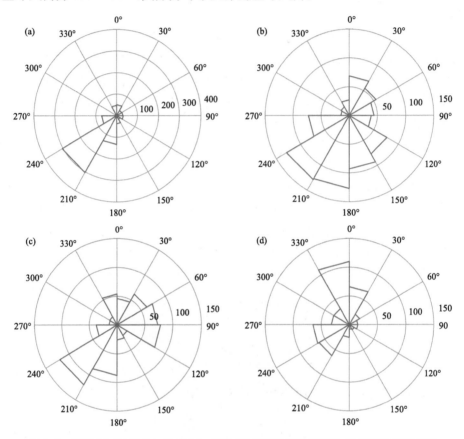

图2.2 春季(a)、夏季(b)、秋季(c)、冬季(d)低空急流出现频次的风向玫瑰图(次)

2.2.2 低空急流强度、高度

图2.3给出了低空急流的最大风速、风切变、出现的高度以及风向分布。图中纵坐标给出的归一化频率是通过计算某一范围内低空急流的出现频次相对于总的低空急流出现频次比例来获得的。结果显示,大部分低空急流的最大风速小于14 m/s,其比例高达77.2%,与他人在Cabauw和上海的观测结果一致。LLJ4的出现比例仅为5.1%,意味着极强的低空急流出现频率很低。低空急流的高度分布显示低空急流集中出现在500~600 m(占比高达22%)。且低空急流大部分出现在2 km以下,并且除了500~600 m的峰值外,低空急流出现的高度分布较为均匀。有趣的是,与LLJ3和LLJ4相比,LLJ0更趋向于出现在高海拔,该现象似乎与已有的结果相反(Baas et al.,2009)。此外,从图中可以明显看出,在400~500 m范围内无低空急流出现,这是由于本研究采用的风廓线雷达垂直分辨率问题导致的,并非真正的研究结

果。低空急流的风向分布显示大部分低空急流为西南风(47%),其次的主导风向为330°~360°及0°~30°(18%)。弱低空急流(LLJ0、LLJ1和LLJ2)的风向分布较为均一,而强低空急流(LLJ3和LLJ4)的风向则集中在一个较窄的范围内(210°~250°),意味着弱低空急流可能为多种风向,而强低空急流主要为西南风。

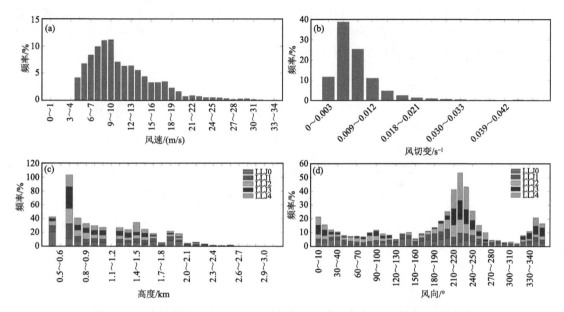

图 2.3 西青站低空急流风速(a)、风切变(b)、出现高度(c)和风向(d)的分布

2.2.3 低空急流季节变化

图 2.4 给出了不同种类低空急流逐月的出现频次,从图中可以看出明显的季节变化。低空急流在 2 月出现的次数最少(127 次),5 月最多(359 次)。和冷季(10 月到次年 3 月)相比,低空急流更为频繁地出现在暖季(4—9 月),这主要归功于暖季边界层内惯性振荡振幅的增大。此外,低空急流出现频次呈现单峰分布特征。强低空急流(LLJ3 和 LLJ4)更为频繁地出现在春季(3—5 月),而弱低空急流(LLJ0、LLJ1 和 LLJ2)更倾向于频繁发生在夏季(6—8 月)。值得注意的是,LLJ1 和 LLJ2 的出现频次全年均为最大,即 LLJ1 和 LLJ2 为天津最为频繁出现的低空急流类型。

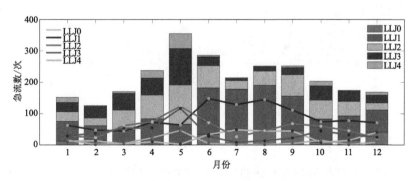

图 2.4 不同种类低空急流出现频次的月变化

图 2.5 给出了低空急流出现高度的季节变化,结果显示,低空急流在春季频繁出现在高度 500~600 m。春季低空急流集中出现的高度除了 500~600 m 外,还有一些低空急流出现在 高度 600~1000 m 和 1100~1800 m。LLJ1、LLJ2 和 LLJ3 是春季最为频繁出现的低空急流, 且与 LLJ0 相比,LLJ4 出现的频次更高。冬季(12 月至次年 2 月)低空急流出现高度的分布特 征与春季类似,但是冬季低空急流出现的高度明显比春季低。夏季低空急流出现高度的分布 特征也与春季类似,但是夏季低空急流集中出现在 200~400 m 高度。秋季(9—11 月)低空急 流出现高度的分布特征较为独特,无明显的高度峰值。

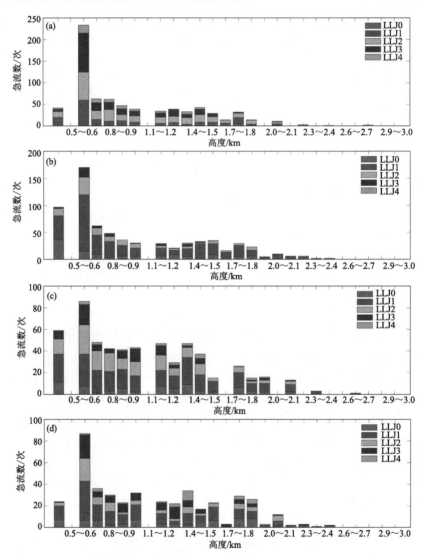

图 2.5　低空急流在春季(a)、夏季(b)、秋季(c)和冬季(d)出现的高度

2.2.4　低空急流日变化

有关学者给出了多种低空急流产生机制的物理解释,然而,不论是惯性振荡理论或是斜压 性理论,低空急流均会表现出显著的日变化。本研究的结果同样印证了低空急流的出现频次

存在明显的日变化特征,从北京时间的 09 时开始低空急流的出现频次逐渐增多,峰值出现在午夜(23 时至次日 14 时),与 Du 等(2014)的研究结果一致。夜间,低空急流的出现频次始终维持在较高的水平,但是午夜后,低空急流出现频次逐渐下降,到次日 09 时达到最低值,主要原因是日出后边界层内的风速梯度减弱。低空急流出现频次显著的日变化与日间边界层内的垂直混合和夜间的惯性振荡密切相关(图 2.6)。

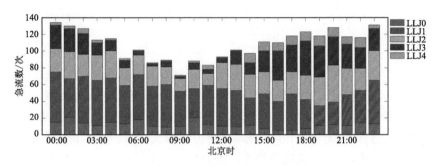

图 2.6　低空急流出现频次的日变化

图 2.7a 和 b 分别给出了五类低空急流出现频次和出现高度的日变化。从图中可以明显看出,不同种类的低空急流呈现不同的日变化。弱低空急流(LLJ0 和 LLJ1)的出现频次在午夜过后逐渐降低,并在 18—19 时开始逐渐增大,峰值出现在午夜。与弱低空急流(LLJ0 和 LLJ1)不同,中等强度的低空急流(LLJ2 和 LLJ3)的出现频次从正午(11—12 时)开始逐渐增多,峰值出现在 18—19 时。尽管 LLJ0、LLJ1、LLJ2 和 LLJ3 的出现频次显示不同日变化和发展趋势,但这四类低空急流的日变化仍均呈现单峰分布。极强低空急流(LLJ4)出现频次的日变化极为独特,在 00—13 时几乎没有 LLJ4 出现。在 13 时,LLJ4 的出现频次爆发性增大,并且在 14—22 时始终维持较高的出现频次。因此,极强低空急流(LLJ4)出现频次的日变化可

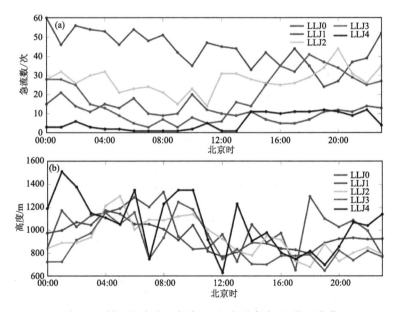

图 2.7　低空急流出现频次(a)和出现高度(b)的日变化

以分为两个阶段:高频次时段(14—22时)和低频次时段(00—13时)。夜间低空急流较高的出现频次主要是由于日落后的摩擦脱耦。低空急流出现高度的分布结果显示低空急流出现的高度亦呈现显著的日变化。作为一种边界层现象,低空急流出现高度的日变化特征较为独特,似乎与边界层高度的日变化相关较弱,且不同种类低空急流出现高度的日变化特征均不同。

2.3 低空急流对雾影响的观测分析

为了深入研究低空急流与雾的关系,对多次雾个例开展了综合分析。考虑到本研究中雾的厚度往往较小,因此,仅出现高度低于 1 km 的低空急流才会被筛选出来并用于研究低空急流对雾的影响。图 2.8 比较了 2016 年全部雾事件以及伴随着低空急流的雾事件(低空急流可能出现在雾出现之前,也可能出现在雾过程中)的出现频次。从图中可以明显看出,天津地区的雾大多发生在秋冬季,与长期的统计结果一致(Han et al.,2015)。西青站 2016 年共观测到 24 次雾事件,其中有 11 次雾事件伴随着低空急流。由于低空急流频繁地出现在雾天,且低空急流对传输水汽、热量和污染物的重要作用已经被认知(Darby et al.,2006;Hu et al.,2013a),因此,低空急流对雾的影响不可忽视,有待深入研究。

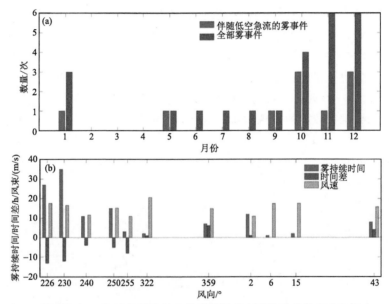

图 2.8 西青站 2016 年全部雾事件和伴随着低空急流的雾事件的出现频次(a);
雾的持续时间、雾和低空急流出现的时间差以及低空急流的风速(b)

Ye 等(2016)给出了华北平原地区秋冬季的九种天气形势,并指出气流类型 4(东南高压,天津东北风)、气流类型 5(弱低压带,天津西南风)、气流类型 6(北部高压,天津北风)和气流类型 8(东北高压,天津东风)与华北地区的雾密切相关。Ju 等(2020a)统计结果表明,55% 的污染事件(PEs)都伴随着低空急流。当南部工业区出现污染时,夜间西南低空急流可将污染区的污染气团带到天津,并引起湍流混合,从而导致地面 $PM_{2.5}$ 浓度升高,有利于夜间面源污染的形成。夜间偏北或偏东南低空急流导致洁净气团与污染气团混合,有利于能见度提高。尽管低空急流出现的高度不同,但西南低空急流对雾和降水形成的贡献相似,都依赖于水汽通道的建立。本研究的结果显示,天津地区春季、夏季和秋季出现的低空急流的主导风向为西南,而冬季出现的低空急流的主导风向为北。因此,与气流类型 5 相关的西南低空急流和与气流类型 6 相关的北向低空急流被认为与雾事件有关系。图 2.8 给出了雾的持续时间、雾出现和低空急流出现的时间差以及与雾事件伴随出现的低空急流的风速。需谨记本研究中出现在雾之前的低空急流是指出现时间在雾出现之前的 24 h 之内,超过 24 h 的低空急流暂不予考虑。有趣的是,有一些雾过程同时伴随着两种低空急流,即西南低空急流出现在雾发生之前,而北向的低空急流出现在雾过程中。结果显示,秋冬季发生的 9 次雾事件伴随着低空急流的出现。其中伴随着西南低空急流的雾平均持续时间为 14.6 h,而伴随着北向低空急流和无低空急流伴随的雾平均持续时间分别为 3 h 和 6.6 h。结果意味着伴随着西南低空急流的雾持续时间明显较长,且无低空急流伴随的雾持续时间要长于伴随有北向低空急流的雾事件。此外,可以明显看出,西南低空急流频繁地出现在雾形成前,而北向低空急流往往出现在雾过程中。总之,研究结果显示,低空急流对雾的影响不可忽视,且西南低空急流和北向低空急流对雾的影响机制似乎不同,有必要进一步探究。

2.3.1　北向低空急流与雾的关系

为了详细地阐述雾与低空急流的关系,基于风廓线资料和 15 层的梯度气象数据,对几次伴随有西南低空急流和北向低空急流的雾事件进行了深入研究。筛选的一次辐射雾发生在 2016 年 9 月 27 日 04 时(图 2.9),较强的北向低空急流(17.5 m/s)同时出现在高度 1500 m。此次雾的形成主要归功于夜间小风和高湿条件下的地表辐射冷却,雾顶高度近似为 150 m。雾在 27 日 06 时快速地消散,仅仅持续了 2 h。在雾过程中,北向低空急流快速下降(630 m)并加强(22 m/s)。在雾过程中,由于夜间北向低空急流的风垂直切变导致雾顶之上(160 m 和 200 m)的湍流动能明显增大。已有研究结果已经指出,夜间低空急流在急流最大值高度和地表之间的湍流产生中扮演着重要的角色(Banta et al.,2003,2006;Balsley et al.,2008)。学者们同样指

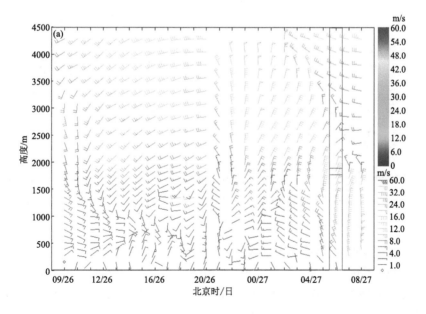

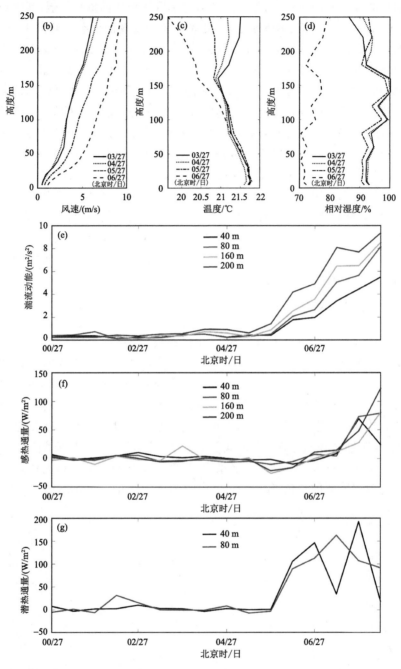

图 2.9　西青站 9 月 26 日 09 时至 27 日 08 时的风廓线资料(a);9 月 27 日 03—06 时风速(b)、
气温(c)和相对湿度(d)廓线;9 月 27 日 00—08 时 4 个高度的湍流动能(e)、
4 个高度的感热通量(f)和 2 个高度的潜热通量(g)的时间序列

出,低空急流风切变引起的湍流混合能够向下传输至地表,进而导致"upside down"边界层的
形成(Mahrt et al.,2002;Banta et al.,2006;Lundquist et al.,2008)。因此,由于湍流动能的
下传,雾层中的湍流动能逐渐增大。此外,与北向低空急流对应的雾层之上的"干冷舌"逐渐沉

入雾层中,与雾层中的饱和湿空气混合,进而导致雾层内的温度和湿度下降。强的北向低空急流导致逆温层崩塌,同时导致强的向上的感热和潜热通量。因此,北向低空急流引起的强湍流混合逐渐下传到雾层,导致逆温层崩塌,并最终导致雾消散。相似的现象同样在 5 月和 6 月的 3 次雾事件中也观测到了,并且得出了相同的结论,即强的北向低空急流能够导致雾消散并缩短雾的持续时间。

筛选的另一次雾事件发生在 2016 年 12 月 4 日的 01 时,伴随着一个相对弱的北向低空急流(10.9 m/s、870 m)出现在 4 日 03 时(图 2.10)。在雾形成前,观测到较弱的西南低空急流(8.9 m/s),持续时间约为 15 h。持续的西南低空急流为天津地区提供了水汽,并且导致近地层的比湿上升,有助于雾的形成。尽管雾过程中有北向低空急流的出现,但是此次雾事件的持续时间长达 12 h,意味着本次北向低空急流对雾的影响与 9 月 27 日的北向低空急流对雾的影响不同。本次雾的形成同样归因于地表的辐射冷却。雾形成后,风向转为北,且风速逐渐增大。伴随着雾顶之上的弱北向低空急流,雾层逐渐向上发展,雾顶高度最终超过 250 m。伴随着雾顶之上的弱北向低空急流,200 m 的湍流动能明显增大,意味着尽管弱北向低空急流引起的湍流混合无法到达地表,但是可以下传到雾层中。弱北向低空急流增强夜间边界层中雾层内的湍流混合强度,降低雾层中的大气稳定度(Hu et al.,2013)并抬高逆温层(Kutsher et al.,2012)。随着逆温层强度和大气稳定度的减弱,弱的感热和潜热通量转为向上传输,有助于雾的垂直发展。因此,弱的北向低空急流提高过饱和层中的冷却率和湍流混合强度,有助于雾层的垂直发展。

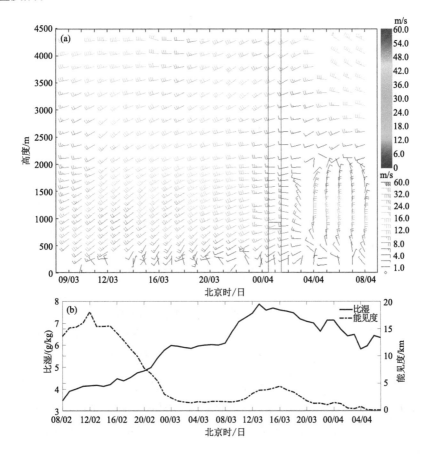

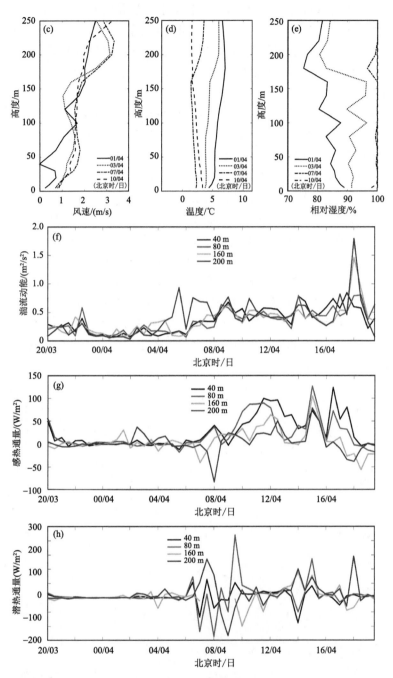

图 2.10　西青站 12 月 3 日 09 时至 4 日 08 时的风廓线资料(a);12 月 2 日 08 时至 4 日 04 时
比湿和能见度的时间演变(b);12 月 4 日 01 时、03 时、07 时、10 时的风速(c),气温(d)和相对湿度(e)廓线;
12 月 3 日 20 时至 12 月 4 日 20 时的湍流动能(f),感热通量(g)和潜热通量(h)的时间序列

　　比较 9 月 27 日和 12 月 4 日伴随有北向低空急流的两次雾事件,两次北向低空急流对雾
的影响截然不同。9 月 27 日的较强的北向低空急流引起的强湍流混合导致逆温层崩塌,并最
终导致雾消散,而 12 月 4 日弱的北向低空急流引起的弱湍流混合降低逆温层的强度和大气稳

定度,有助于雾的发展。已有研究结果显示,湍流和雾的形成存在临界关系(Zhou et al.,2008;Li et al.,2015a)。强湍流抑制雾的形成或者导致雾消散,而适度的湍流混合能够提高凝结率,因此,有助于雾的发展(Bergot,2013)。同样,雾顶之上的北向低空急流与雾的发展同样存在临界关系,强的北向低空急流导致雾消散,而弱的北向低空急流则有助于雾的发展。

2.3.2　西南低空急流与雾的关系

筛选的一次伴随有西南低空急流的浓雾发生在 2016 年的 12 月 17 日,Tian 等(2019)通过模式对此次浓雾过程进行了模拟研究。在雾形成前,925 hPa 观测到了西南低空急流(>16 m/s)。西南低空急流持续向天津地区传输水汽,在低层大气中观测到水汽的累计效应。近地层比湿逐渐升高,有助于浓雾的形成。类似的现象在另外 4 次雾过程中同样被观测到,并且得到了相同的结论。西南低空急流对雾的主要贡献为向雾区传输水汽,进而提高近地层的比湿,有助于雾的形成、发展和延长雾的持续时间。

总之,低空急流在雾的生命循环中扮演着不可忽视的角色。与传统的夜间边界层(湍流在地表产生,并向上传输)不同,由于低空急流风垂直切变引起的湍流产生在地表之上,且逐渐向下传输,进而导致"upside down"边界层的形成(Mahrt et al.,2002;Banta et al.,2006;Lundquist et al.,2008)。与气流类型 6 相关的北向低空急流往往出现在雾过程中,同时,雾顶之上与北向低空急流对应的"干冷舌"下沉进入雾层,干冷空气逐渐与雾层中的饱和湿空气混合,导致雾层中的温度和湿度下降。最终,强的北向低空急流导致雾顶之上的逆温层崩塌,并最终导致雾消散。弱的北向低空急流引起的弱湍流无法传输到地表,但是仍可以向下传输到雾层中。弱湍流混合降低逆温层的强度和大气稳定度,有助于提高雾顶和雾中的冷却率,并有助于雾层的垂直发展。简而言之,北向低空急流与雾的发展存在临界关系,强的北向低空急流导致雾消散,而弱的北向低空急流有助于雾的发展。图 2.11 给出了西南、北向低空急流对雾中边界层结构和雾层影响的概念模型。

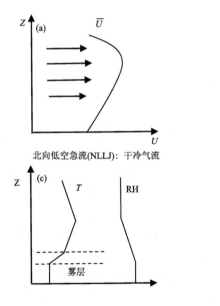

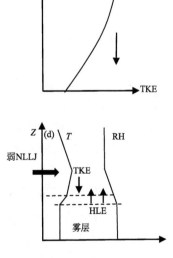

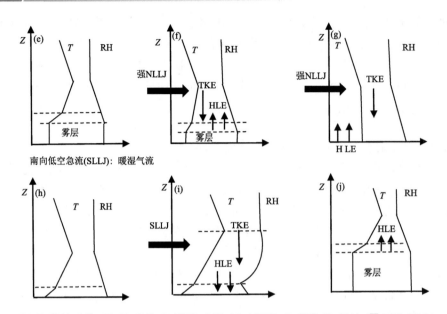

(TKE:湍流动能,HLE:感热,T:温度,RH:相对湿度,Z:高度,U:风速,$\overline{U}$:平均风速)

图 2.11 低空急流对雾中边界层结构和雾层影响的概念模型(a)平均水平风速廓线,(b)湍流动能廓线,(c)北向低空急流出现前雾过程中和(d)伴随着弱北向低空急流的雾过程中的温度和相对湿度廓线(H:感热通量,LE:潜热通量);(e)与(c)相同,(f)伴随着强北向低空急流的雾过程中和(g)伴随着强北向低空急流的雾消散后的温度和相对湿度廓线,(h)雾出现前夜间边界层中,(i)西南低空急流后的夜间边界层中和(j)伴随着西南低空急流的雾过程中的温度和相对湿度廓线

2.4 水汽输送对环渤海雾影响的模拟分析

2.4.1 个例回顾与分析

为了定量说明水汽输送对环渤海雾生消的影响,本节以 2016 年 12 月 17—19 日一次西南低空急流导致的平流辐射雾过程为例,开展诊断和模拟分析研究。

图 2.12 给出了 Hamawari-8(以下简称 H-8)气象卫星反演得到的大雾过程,2016 年 12 月 18 日 00 时,雾首先在吉林和辽东湾西海岸沿线零星出现(图 2.12a),至 18 日 03 时(图 2.12b),各零星雾区迅速发展扩大呈现为条状雾区,同时,渤海西岸和山东西边界的雾团不断扩大,至 18 日 06 时(图 2.12c),形成东北—西南走向平行于渤海西海岸线长约 900 km、宽约 100 km 的雾带。大雾分布在海岸线两侧区域,最北端位于吉林与黑龙江的交界处,雾顶高度在 400～500 m,最南端位于河北和河南省的交界处,雾层略比北端浅薄,高度在 300～400 m。18 日白天,陆地雾逐渐消散,雾带向东移动并不断扩展,至 18 日 18 时(图 2.12d),大雾覆盖了渤海大部分海域,19 日 02 时(图 2.12e),几乎覆盖了渤海全部海域和黄海西北海域,且白天消散的陆雾再次形成。19 日 06 时 50 分(图 2.12f),黄海、渤海海域及周边陆地均被大雾覆盖,雾区覆盖范围达到研究时段的极大值,且雾区中心比边缘深厚,北段较南段雾层伸展得更高。

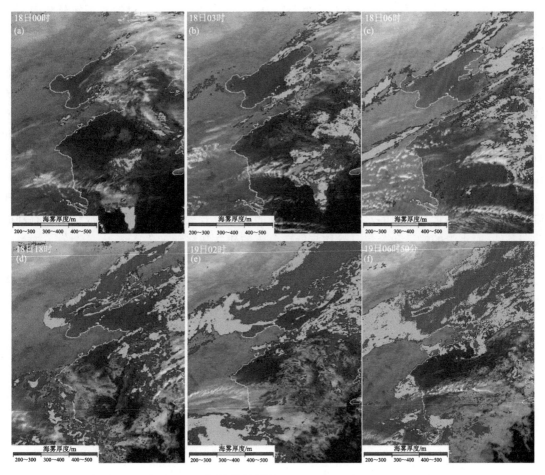

图 2.12　H-8 卫星反演的雾厚度：(a)18 日 00 时；(b)18 日 03 时；
(c)18 日 06 时；(d)18 日 18 时；(e)19 日 02 时；(f)19 日 06 时 50 分

以上为卫星云图反演大雾发生发展过程，为了对本次大雾个例做进一步分析，采用 NCEP 提供的 1°×1°的 FNL 再分析资料、NOAA 0.25°×0.25°的 OI 海温资料、我国西青站(39.05°N，117.03°E)常规气象观测资料、曹妃甸海洋气象浮标(38.51°N，118.33°E)观测资料以及曹妃甸潮位站(38.90°N，118.50°E)资料，对大雾过程的环流背景及站点气象要素的演变特征进行具体分析。

从 FNL 资料 850 hPa 和 925 hPa 气压场均可以看到，由于大陆高压进入黄海南部海域后移动缓慢，并且与东北地区东部高压联结形成强盛的沿海高压带，加上极涡底部不断有小股冷空气分裂南下，在大雾形成前(图 2.13a)，东部沿海和辽宁、吉林地区位于高压后部和西风带浅槽前部的西南支气流输送带中。由于入海高压稳定在黄海南部海域，随着大陆低压的不断东移，高压与低压系统的挤压形成较强的水平气压梯度，16 日 20 时已在入海高压后部形成了一支风速均超过 12 m/s 的急流和超过 16 m/s 的西南低空急流，位于中国东部沿海上空。低空急流携带暖湿空气一路北上，穿过安徽、山东和黄海、渤海海域，一直延伸到吉林东北部。在暖舌不断向北深入的过程中，环渤海地区位于暖舌的边缘，当弱冷空气侵入到该地区后大雾首先于 17 日 16 时前后在渤海西岸的辽东湾及以北地区发生(图 2.12b)。此后，伴随入海高压向东略偏北的方向缓慢移动,850 hPa 上低压槽从 17 日 08 时(图 2.13a)的北京到河北中部一线东移至 18 日 02 时(图 2.13b)的沿渤海西岸线一带,平均移速约 25 km/h。随黄海高压的东撤,风速大于 12 m/s 的低空急流带范围逐渐东移的同时,从 17 日 08 时的约 660 km 拓宽到 18 日 02 时的 1000 km,伴随该急流带的水汽输送中心也以该速度随之缓慢东移。18 日 08 时水汽输送带的左前侧大值区(0.9 g/(cm·hPa·s))已经移到渤海海峡,同时,该支低空急流的右后侧大值区也从陆地移入海面,西南急流带拓宽至约 700 km,在急流右后侧形成一支沿海上通道、中心达到 1.8 g/(cm·hPa·s)的水汽大值输送区(图 2.13c)。低空急流左前侧和右后侧的水汽输送通道在黄海北部合并,向北输送到东北地区,使得渤海北岸水汽输送厚度和强度显然大于渤海西岸地区,这可能是导致北段比南段雾层深厚的主要原因。低空急流左侧存在弱辐合上升区(图 2.13d),而这一区域正是大雾覆盖区(图 2.13e)。从上述大尺度天气环流背景分析看到,正是充沛的水汽供应配合较弱的辐合上升运动,为大雾的生成提供了有利的前期条件,而水汽的输送和聚集显然均与低空急流的建立和移动有关。

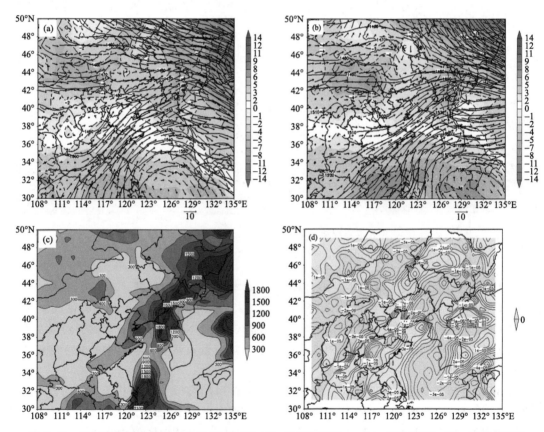

图 2.13 天气背景要素场:(a)17 日 08 时 850 hPa 风(黑色箭头;m/s)、气温(填色;℃)、位势高度场(黑色实线;gpm);(b)同(a),但时间为 18 日 08 时;(c)18 日 08 时 850 hPa 水汽通量(10⁻³ g/(cm·hPa·s));(d)18 日 08 时 1000 hPa 涡度(s⁻¹),红色为正,蓝色为负

上述资料有助我们认识大雾过程的环流特征和大尺度天气背景,站点资料会进一步帮助我们了解大雾过程气象要素的精细变化特征。因此,文中取西青站作为陆地站代表,曹妃甸气象浮标站作为海洋站代表,分析其气象要素变化特征。西青站位于渤海西岸,曹妃甸浮标站位

于渤海湾内,位于西青站东南方向 127.7 km 处。图 2.14 给出了两站的观测结果,从两站能见度记录可以判断,西青站起雾时间为 18 日 02 时,曹妃甸站起雾时间为 18 日 06 时 40 分,中间相差近 5 h,这与高空槽(图 2.13b)对应锋面自西向东推进的速度基本一致。风向的转变体现出气压场的变化:西青站由东南风转为西北风,表明弱冷锋过境,原东高西低的地面气压场转为了弱冷锋后西北气流;曹妃甸浮标站由较强的西南风转为偏北风,同样说明环渤海地区暖湿平流减弱后,西北弱冷平流的侵入。两站大雾(能见度<1 km)均在转弱北风约 10 h 后出现,可见该次海岸带大雾过程是一次明显的锋后雾过程。锋后弱冷空气导致暖湿气团温度迅速下降,是激发大雾发生的主要原因之一。起雾后,西青站与曹妃甸站的风速均维持在 2 m/s 左右,西青站在 18 日 20 时后表现为弱偏南风,曹妃甸站风向不定,这反映了环渤海地区处在均压场中,没有强天气系统影响,这是大雾得以长时间维持的主要原因。

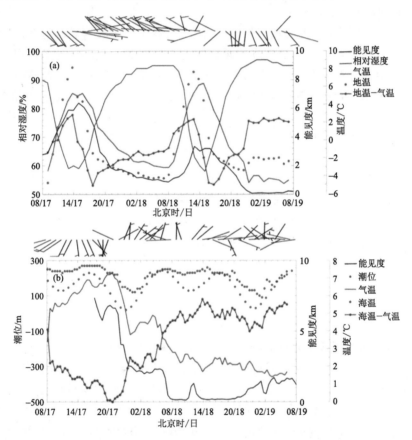

图 2.14　17 日 08 时至 19 日 08 时站点观测:(a)西青站水平能见度(VIS;黑色实线),2 m 高度气温(AT;红色实线),地表土壤温度(GST;红色圆圈),陆气温差(GST−AT;红色加点实线),相对湿度(RH;蓝色实线),10 m 风向、风速;(b)曹妃甸浮标站大气能见度(VIS;黑实线),高度 2 m 气温(AT;红实线),海表温度(SST;红圆圈),海气温差(SST−AT;红色加点实线),潮位(TL;蓝色圆圈),风向、风速用风矢表示

除了冷暖平流变化的影响,大雾的产生也受到辐射降温的影响。17 日 14 时后,由于雾的形成削弱了到达地面的太阳短波辐射,使得陆地站的地表温度迅速下降。而当日气温也几乎与地温同步降低,这与气温下降通常滞后地温约 2 h 的特征不同,反映出了偏北冷空气对气温的影响(图 2.14a)。入夜后由于雾的形成对地面有保温效应,减缓了地面长波辐射冷却,温度

下降速度趋缓。海洋站气温日变化虽然不如陆地站显著(图 2.14b),但冷空气降温的效应明显存在:17 日 17 时,因近日落时分,随潮位下降海水热当量下降,海表温度也开始下降,由于该站仍受 8 m/s 的西南暖湿气流控制,气温仍呈上升趋势。直到冷锋过境转北风后,洋面上气温才开始急剧下降。气温从 17 日 21 时的 7.6 ℃下降到 18 日 00 时的 3.8 ℃,下降速率近 1.3 ℃/h。大雾期间,尽管海表温度随潮位高低呈同位相变化受大雾影响很小,而大雾对气温影响较大,雾持续的数十小时间,气温只是缓慢降低了 0.6 ℃,这反映大雾的存在减缓了长波辐射冷却,使得近海面气温变化非常小。对陆地站而言,太阳辐射导致气象要素的日变化非常明显,白天强烈的太阳辐射加热致使地温升高,湍流输送导致近地层气温上升,相对湿度下降,能见度上升。正因陆地和海洋下垫面的属性差异,导致陆地站比海洋站气温日变化剧烈,使得西青站在 18 日 08—21 时大雾暂时消散,直至夜间受辐射降温影响,大雾重新产生,而海洋上空大雾在 18 日白天仍然稳定持续。

需要强调的是,不同于黄海海域多见的冷海雾(气温高于海温),渤海海雾以暖海雾(海温高于气温)为主,此次渤海海雾也出现在较暖海面上。根据曹妃甸浮标站的海温观测,海温日变化与潮位周期性变化呈正相关,海表温度稳定在 5~8 ℃(图 2.14b)。海雾发生前后,即便在雾形成前西南暖湿气流控制期间,气温持续上升,海气温差不断减小,海温也始终高于气温。17 日 20 时冷空气入侵转偏北风后,随着气温的迅速下降,海气温差转为扩大趋势,雾形成后,海气温差不再有明显变化,维持在 4~6 ℃。此外,NOAA 提供的渤海海温数据也给出了与该浮标站观测一致的结果。

综合以上的观测分析表明,此次大雾发生前,由于入海高压后部和缓慢东移的大陆低槽前部西南低空急流的存在,不断将南部暖湿空气向渤海及周边区域输送,为大雾的形成和发展提供了有利的暖湿条件。受锋后弱冷空气和夜间辐射降温的共同影响,大雾首先沿环渤海和东北地区局地生成,而后很快扩展形成长约 900 km、宽约 100 km 的系统性雾带,随锋面东推,雾带向东部海面纵深发展,最终覆盖了渤海及周边地区,由于系统移动缓慢,使得大雾长时间维持。

2.4.2　数值模拟

为了更加细致地研究低空急流影响大雾的演化过程,下面我们利用高分辨率 WRF 模式,希望得到对大雾水平和垂直结构的准确模拟,以便在此基础上对雾的物理机制有更进一步的认识。采用 WRFV3.5.1,利用 NCEP FNL(Final)资料作为初始场和侧边界条件。该资料的水平分辨率为 1°×1°,时间间隔为 6 h。模式检验数据采用的是中国气象局 MICAPS(Meteorological Information Comprehensive Analysis and Process System,气象信息综合分析和处理系统)资料、乐亭(39.43°N,118.90°E)GTS1 型数字探空资料,以及前文所述的陆地和海洋站的能见度观测资料。

模式的积分区域如图 2.15 所示,区域中心坐标为(39°N,120°E),水平分辨率设置为 5 km。大量工作表明,垂直分辨率的提高能更好地刻画大雾过程,我们将垂直分辨率设置为 46 层,并对大气边界层进行加密为 15 层,边界层对应的 σ 坐标分别为 1.000、0.997、0.994、0.991、0.988、0.985、0.982、0.979、0.976、0.973、0.970、0.967、0.964、0.9412 和 0.9118。

参数化方案的选择对大雾模拟的影响同样很大,通过对大雾过程不同参数化方案的对比试验,选定了如下的物理参数化方案:大气边界层(PBL)参数化方案使用 YSU 方案,陆面过程

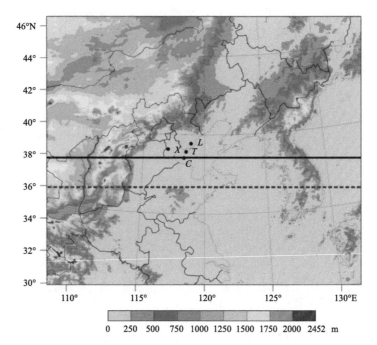

图 2.15　WRF 模拟区域和地形特征色斑图(单位:m);X 点代表西青气象站,L 点代表乐亭探空站,C 点代表
　　　曹妃甸浮标站,T 点代表曹妃甸潮位站;黑色横线指示通过 C 点作纬向垂直剖面线;红色虚线表示 36°N

使用 5 层热扩散方案,长波和短波辐射参数化均使用 RRTMG 方案,微物理选择 WSM6 方案。由于当水平网格距缩小到 5 km 时,对流已不再完全是次网格现象,所以我们关闭了积云对流方案。

2.4.2.1　对照试验

对照试验的模拟时间为 2016 年 12 月 17 日 08 时至 19 日 08 时,每隔 1 h 输出一次模拟结果。文中首先利用 MICAPS 资料对比了模拟与实况的 1000~500 hPa 标准等压面的天气背景,发现天气形势场非常一致(图略)。为了精细检验大雾的模拟效果,利用反距离权重法进一步对模式输出的邻近格点数据插值到观测站点,得到前文所述的陆地和海洋代表站,即西青站和曹妃甸浮标站的液态水含量(SIM LWC)。模拟能见度(SIM VIS)采用 Stoelinga 等(1999)的公式计算:

$$x_{vis} = -\frac{\ln(0.02)}{\beta} \tag{2.1}$$

式中,x_{vis} 为水平能见度(km),β 为消光系数(/km^{-1})。β 与液态水含量有关,Kunkel(1984)的公式指出:

$$\beta = 144.7 LWC^{0.88} \tag{2.2}$$

式中,LWC 为液态水含量的质量浓度(g/m^3)。图 2.16 显示模拟得到的能见度与观测能见度(OBS VIS)的变化趋势较为一致,尤其是陆地站,大雾模拟和实况观测的生成时间和日变化特征完全一致,模拟液态水含量出现时段与实况能见度低于 1 km 的时段对应很好,模拟液态水含量高峰时段对应实况为强浓雾时段。如果考虑能见度的经验公式本身的误差,可以认为模式较好地模拟了该次大雾过程。当然,模拟结果还有待改进的地方,如浮标站 18 日 13—17 时液态水含量与实况观测不一致(图2.16b),说明模式对云微物理过程的预报还有待改进。除了针对单点的检验,还给出了大气边界层垂直廓线的模拟检验(图2.17)。对比沿海探空站——乐亭一天两次的观测廓线,WRF模式能够模拟出雾发生前期低空逆温(图2.17a)和近地面的辐射逆温廓线(图2.17c、d),以及西南低空急流的发展(图2.18),且逆温高度和强度的模拟与观测基本一致。

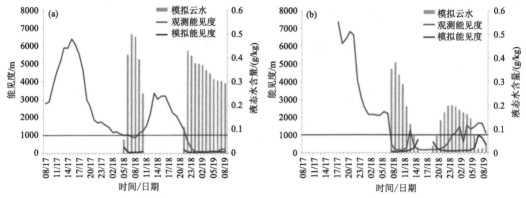

图2.16 模拟的液态水含量(SIM LWC,绿色柱状图;g/kg)、水平能见度观测(OBS VIS,蓝线;m)和模拟(SIM VIS,红线;m):(a)西青气象站;(b)曹妃甸浮标站

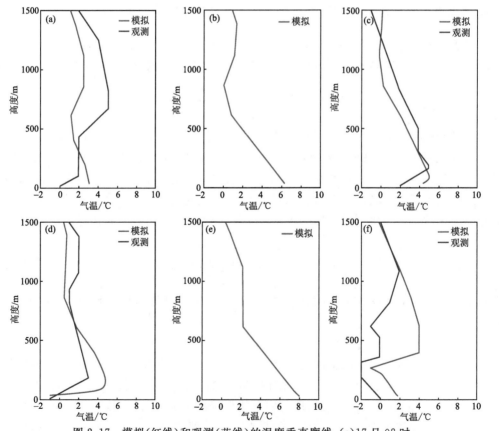

图2.17 模拟(红线)和观测(蓝线)的温度垂直廓线:(a)17日08时;
(b)17日16时;(c)17日20时;(d)18日08时;(e)18日14时;(f)18日18时

基于合理的模式模拟结果,我们对站点的风向、风速变化和雾发生发展的几个关键时次进一步分析模拟的温度垂直廓线(图 2.17)。可以看到,从模式积分开始时刻的 17 日 08 时起,600～1200 m 高度处已经出现了明显的逆温,逆温强度为 0.75 ℃/(100 m)(图 2.17a)。从 MICAPS 提供的气压场图上看(图略),西南低空急流在 16 日 20 时 925～850 hPa 已经建立,这一高度与模拟的低空逆温层高度基本一致,可以推测低空逆温是由低空急流引导暖湿空气北上引起的。17 日白天贴地面逆温瓦解,逆温底部抬升,至 17 日 16 时,逆温层底抬升至 800 m 左右,厚度只有 400 m,逆温强度下降到 0.25 ℃/(100 m)(图 2.17b)。结合曹妃甸浮标站的风向、风速变化看(图 2.14b),17 日 08～21 时,西南风减弱并最后转为东南风,温度缓慢下降,表明西南低空急流对该地区的暖湿输送减弱,低空逆温层虽然随着减弱但并没有瓦解。17 日 20 时,随着西北弱冷空气的侵入(图 2.18b),逆温层顶的温度明显下降,而地面由于受到夜间辐射冷却的影响,重新建立起贴地逆温,并且逆温强度不断增大(图 2.17c)。当近地层 100 m 内的逆温强度到达 3.6 ℃/(100 m) 时(图 2.17d),出现液态水凝结,陆地雾形成,只是由于雾层限于近地层浅薄辐射逆温层内,随太阳辐射加热的影响,陆地侧大雾只持续了 4 h 就消散了(图 2.16a)。然而由于低空逆温的持续加上海温变化小于陆地,海域大雾从 18 日 06 时 40 分生成后几乎无日变化(图 2.16b)。并且随着低空急流的东移,主要雾区整体向东移动,且于 19 日上午移出渤海湾,20 日凌晨后彻底移出渤海海峡。尽管 18 日 18 时后,因为辐射冷却作用,近地逆温再次在 200 m 高度形成(图 2.17f),环渤海沿岸及近海又一次被大雾覆盖,并维持日消夜生特征,直到 22 日凌晨一股强冷空气过境才彻底消散。应该强调的是,与之前从陆地向东移过渤海的锋面雾过程形成性质已经不同,18 日 18 时后再次在海岸带附近日消夜生的大雾,雾区主体在大陆侧,辐射雾特征明显。前一次锋面雾于 20 日凌晨彻底移出渤海海峡后,到 22 日,浮标站未再出现低于 1 km 的低能见度现象,即 17—20 日有一次锋面雾从海岸带向东部海面移过,18—22 日陆地辐射雾形成机理与之不同,文中重点关注锋面雾的生成发展过程。

由前文观测分析可知,17—19 日这次大雾天气的形成是由于锋后弱冷空气侵入到前期西南低空急流边缘控制的暖湿气团中,从而诱发了大雾的发生。模拟的地面要素场较好地再现了这一物理过程(图 2.18)。17 日 14 时(图 2.18a),黄海南部海域受入海高压控制,高压中心达 1029 hPa,该高压与东北地区高压合并形成了跨越南北的高压带,中国东部沿海直至东北地区受高压西侧西南气流控制,从地面风场看到,17 日 14 时以前西南风一直很强,其中心风速在 850 hPa 等压面高度仍超过 16 m/s(图 2.18a)。随高压东移,上述地区近地层风向由西南逐渐转为东南,这与浮标站观测到的风向变化完全一致(图 2.14b)。0 ℃暖舌的位置北伸到内蒙古与吉林交界处。随海上高压中心向东北移动,18 日 00 时 1028 hPa 线的位置东移北进(图 2.18b),850 hPa 西南气流核位于渤海海峡上空,近地层西南气流带也随之东移到渤海中部以东区域,中国沿海地区西南气流减弱,但前期输送来的水汽已经积累在环渤海及周边地区低空逆温下层。由 18 日 00 时地面气压图上可以看到(图略),吉林和北京南部存在两个弱低压中心,使得地面弱冷锋分成了南、北两段,南段的锋面较北部的锋面东移稍快,当北部的锋面位于内蒙古北部时,南部的锋面已经到达渤海的辽东湾西岸,导致该地区首先产生液态水凝结(图 2.19)。此后随着该锋面向东南推进,逐渐形成与锋面平行的雾带(图 2.19a)。渤海沿岸及西南侧雾带近地层液态水含量较高,为 0.4～0.7 g/kg,而在渤海以北东北大陆液态水含量较低(小于 0.4 g/kg)。雾顶高度模拟结果显示(图 2.20),渤海沿岸及西南侧雾带均小于 150 m,而渤海以北东北地区大陆雾顶高度从西向东依次下降,其东部地区陆雾高度大于 300 m

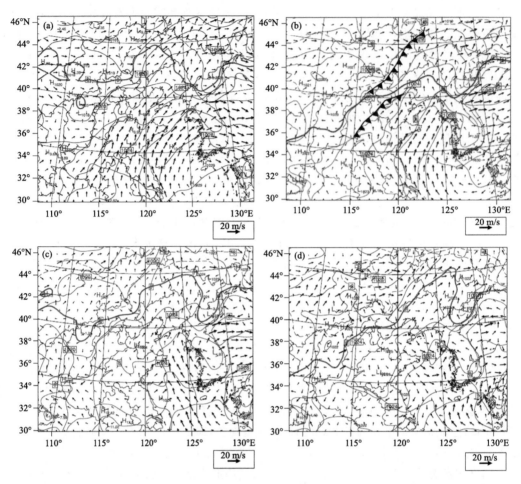

图 2.18　模拟地面气象背景场 2 m 高度气温(红色实线,℃),海平面气压(蓝色实线,hPa)和 10 m 高度风矢(箭头)
(a)17 日 14 时;(b)18 日 00 时(加弱冷锋位置指示);(c)18 日 18 时;(d)19 日 07 时

(图 2.20b),这与卫星反演(图 2.12)得到的高度呈正相关。18 日 18 时(图 2.18c),1028 hPa 的高压中心迅速向东移动,西南水汽输送也随之东移,0 ℃暖舌的位置也明显向东北方向偏移。由于白天太阳辐射对地表影响显著,陆地侧的大雾暂时消散,但渤海大雾继续向东部海域发展(图 2.19c),渤海东部及黄海海域雾区面积扩大,东北地区陆地雾生成的位置也有所东移(图 2.19d)。海上大雾液态水含量较低,雾顶高度为 150～300 m(图 2.20c)。至 19 日 07 时(图 2.18d),渤海和黄海大部分海域转较强的西北风,该次锋面雾消散。锋面雾模拟与卫星云图的反演结果趋势一致,雾顶高度呈正相关,模拟结果与卫星反演资料互相得到了很好的印证。

　　除了大雾在水平方向的分布,模式也揭示了大雾在垂直方向上的发展。沿曹妃甸站做一纬向剖面,得到垂直方向上温度、相对湿度和大雾范围的变化(图 2.21)。18 日 04 时(图 2.21 a),随着锋面的向东推进,弱西北风占领渤海西岸(图 2.21b),渤海西海岸开始产生水汽凝结,高度在 50 m 左右。6 h 后(图 2.21b),弱西北风继续向东侵入大气边界层低层大气,逆温层减弱,并向东移动了约 1 个经度。此时逆温层底被抬高,大雾位于逆温层底部、湿度高值区的西侧,并且伴随着逆温层的东移不断向东扩展,雾顶高度已经达到 300 m。模拟结果表明,液态

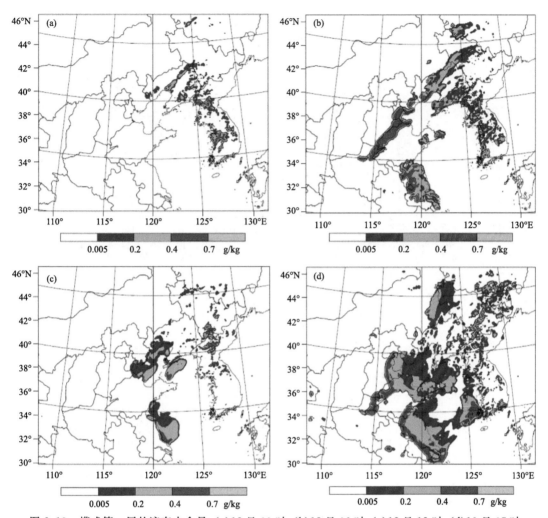

图 2.19　模式第一层的液态水含量：(a)18 日 00 时；(b)18 日 06 时；(c)18 日 18 时；(d)19 日 07 时

水含量的高值区位于 150 m 左右，最大值超过 0.5 g/kg。白天受短波辐射加热影响，渤海西岸气温陡然上升(图 2.21c)，以 18 日 15 时为例，海岸线(117.5°N 左右)附近形成温度和相对湿度线的密集带，沿岸雾白天消失。与此同时，在渤海海域下沉气流占主导，近海面以弱的西北风为主，海雾继续向东扩展，跨越 116.5°—119.5°E 三个经度；高度维持在 300 m 左右(图 2.21c)。19 日 07 时(图 2.21d)，随着西南水汽输送带迅速东移，高湿层与逆温层均向东移动，同时受辐射冷却的影响，116.0°—124°E 均有液态水凝结，渤海西岸的雾高维持在 150 m 左右，海雾高度维持在 300 m 左右，液态水凝结的范围达到最大。大雾的位置始终处于逆温层底部，并且随着水汽输送带的移动而东移，显然，这种温湿场的垂直分布与水汽输送带的移动密切相关。

上文观测和模式分析定性证明，低空急流的建立及其携带的水汽输送是环渤海锋面大雾形成和发展的一个主要因素。为了进一步确定水汽输送的来源，选取位于渤海湾的曹妃甸浮标站和位于东北地区、大陆雾区的沈阳某站(42°N,124°E)作为后向轨迹的终点，利用 HYS-PLITV4 模式进行水汽来源追踪，数据来自 GDAS(Ground Data Acquisition System)0.5°×0.5°的全球格点资料，自 19 日 08 时向后追踪 72 h 得到 1500 m、500 m 和 10 m 三个高度气团

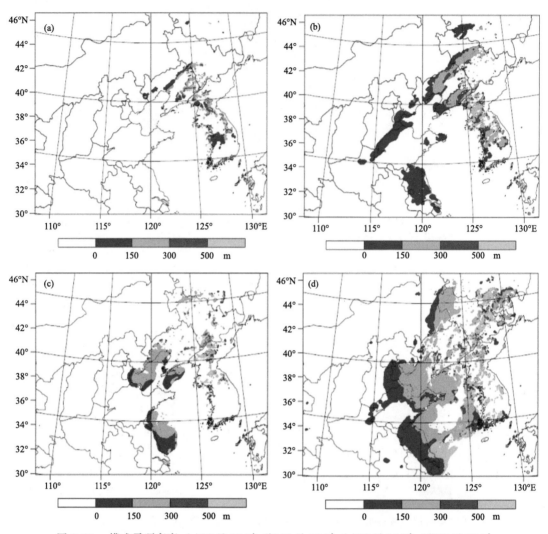

图 2.20　模式雾顶高度:(a)18 日 00 时;(b)18 日 06 时;(c)18 日 18 时;(d)19 日 07 时

的后向轨迹(图 2.22)。为了方便分析,将 MICAPS 系统中 850 hPa 低空急流带左侧 12 m/s 西南风所在的位置叠加在轨迹图中(图 2.22a)。低空急流在 16 日 20 时建立后,17 日 08 时、18 日 08 时和 19 日 08 时向东移动位置如图 2.22 所示。伴随着低空急流带左前侧的水汽输送大值中心,随低空急流带向东撤退,水汽输送带也随之东移(图 2.13c)。如图 2.22 所示,渤海湾 10 m 高度的空气块已追溯进入 17 日 08 时的低空急流带区域(图 2.22b)。东北地区陆地大雾 10 m 和 500 m 高度的空气块均可追踪进入 17 日 08 时的低空急流带区域,并且东北地区陆地大雾 500 m 高度的空气块为急流带低层空气途经黄海海域抬升而来。对照图 2.13c 看到,虽然西南低空急流右后侧流经海洋的水汽输送强度远大于其左前侧,且在 18 日 08 时后逐渐上升到更高的高度,这部分解释了为何东北地区大雾地面雾水浓度低而雾顶更高的原因。16 日 14 时,两地 10 m 和 500 m 后向轨迹的相对湿度均从 40%～50%开始升高,渤海湾雾区后向轨迹至 17 日 08 时 10 m 相对湿度上升并稳定至 60%以上,东北地区大雾后向轨迹至 17 日 20 时 10 m 和 500 m 高度相对湿度均超过 60%,此后依次超过 80%,说明气团向北输送的同时不

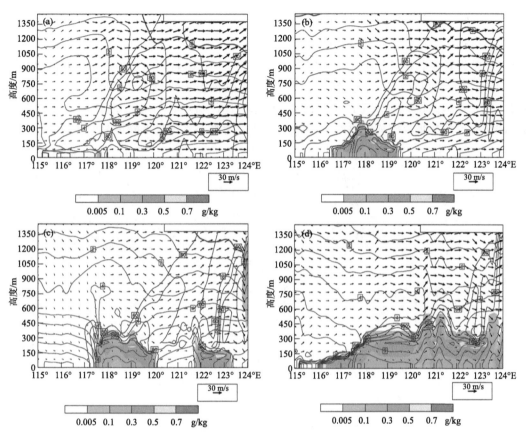

图 2.21　沿曹妃甸浮标站的纬向剖面:气温(红线,℃)、相对湿度(蓝线,%)、
风矢量(箭头,垂直分量放大了 100 倍)和液态水含量(阴影,g/kg)

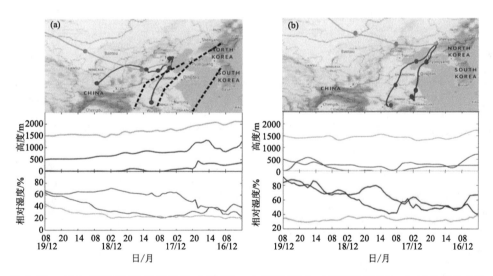

图 2.22　72 h HYSPLIT 后向轨迹:红线(10 m)、蓝线(500 m)和绿线(1500 m),三条黑色虚线
分别代表 17 日、18 日和 19 日 08 时低空急流左侧的位置 (a)曹妃甸站;(b)沈阳站

断在增湿。由此可见,低空急流的水汽输送确实在大雾形成过程中起到了非常重要的作用。

2.4.2.2 水汽敏感性试验

我们设计了相应的水汽敏感性试验,以定量分析西南低空急流带来的水汽对大雾形成的影响。试验设计在其他条件不变的基础上,自17日08时起,将初始场和每6 h侧边界中模拟区域36°N以南的相对湿度减半(图2.15)。用模拟的液态水含量表示对应的大雾,对照试验如图2.23a、c、e、g、i所示,敏感试验如图2.23b、d、f、h、j所示。与对照试验相比,不同时次敏感性试验模拟的雾带范围均明显减小,其中40°N以南液态水含量下降更为明显。

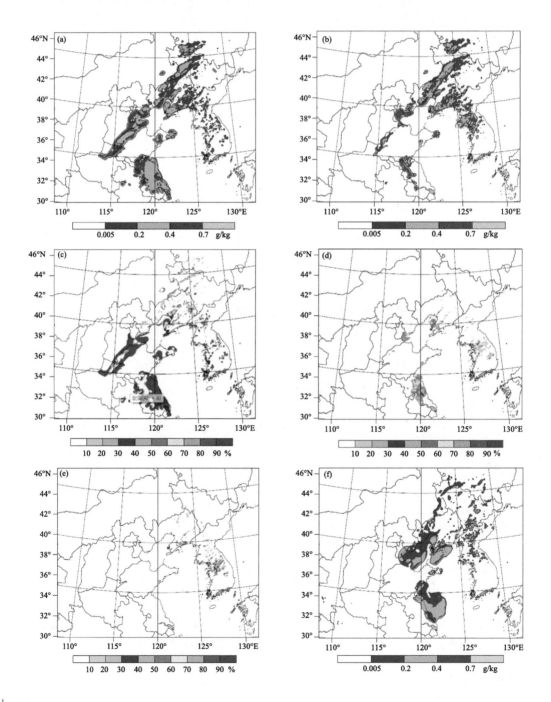

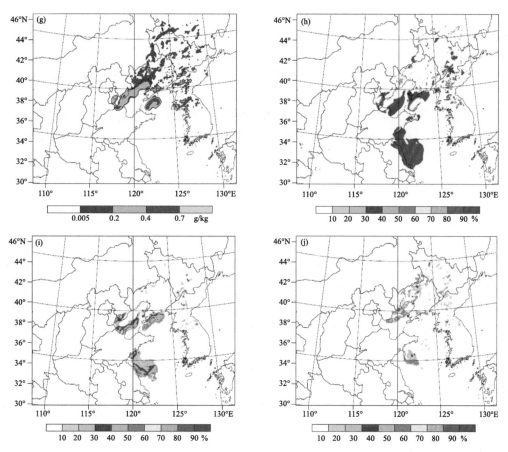

图 2.23　36°N 以南水汽对不同雾高度的影响，a、c、e、g、i 为对照试验，b、d、f、h、j 为液态水含量贡献率，a、b 为 18 日 08 时模式第一层液态水（约 10 gpm）；c、d 为 18 日 08 时模式第 6 层液态水（约 117 gpm）；e、f 为 18 日 08 时模式第 12 层液态水（约 260 gpm）；g、h 为 18 日 20 时模式第一层液态水；i、j 为 18 日 20 时模式第 6 层液态水

　　以对照试验减去敏感性试验的液态水含量，并除以对照试验的液态水含量代表南部水汽对大雾形成的贡献率。图 2.23 给出对照试验和敏感性试验模拟 18 日 08 时和 12 时的第 1 层（约 0 gpm）、第 6 层（约 117 gpm）、第 12 层（约 260 gpm）液态水分布及前后变化结果。图 2.23 表明：南支水汽对各雾区不同高度的贡献不同，而且随着高度升高，南支水汽对雾带的贡献减小，其中南支水汽输送对渤海湾及南部的影响主要在近地层，对辽东湾和东北地区的影响主要在较高层；并且随低空急流的东移，对雾区各层的影响也随之向东缓慢移动。18 日 08 时，南支水汽对渤海湾、渤海南部以及辽东湾东部与辽宁东部地面雾水贡献率在 90% 以上（图 2.23b），而对东北地区大部分地面雾水没有贡献；至模式第 6 层（图 2.23d），仅渤海湾、辽东湾东部与大连一带地区受南支水汽的影响，而且贡献率减低到 40%～70%；至模式第 12 层（图 2.23f），南支水汽输送仅对辽宁部分地区的雾水贡献了 20% 左右。18 日 12 时，随低空急流左侧东移到渤海海峡（图 2.22），南支水汽输送对地面雾水的影响区域已不再在渤海湾及山东地区，而是东移到渤海和黄海西北沿岸地区为主，其中，南支水汽输送对渤海中部以及黄海西北沿岸地面雾水的贡献率在 90% 以上（图 2.23h），对其稍高层的影响在 50% 以下（图略）；而对

雾带高层的影响,主要在渤海北部及辽宁西部地区雾带,贡献率为50%左右(图2.23j)。从以上分析可以看到,伴随南支低空急流的东移,其水汽输送也随着东移,而且对雾带南部的影响主要在近地层,对雾带北部的影响主要在稍高层。具体而言,渤海沿岸、山东地区及辽宁东部的贡献在近地层,随高度上升影响减小;而对辽宁西部、吉林地区雾带的贡献在较高层,随高度上升影响加大。西南气流输送对雾带南、北影响高度的不同,与其输送所经的轨迹不同对应。由后向轨迹分析可知,这是西南气流输送的轨迹决定的,当输送到雾带南段地区时,水汽一路下沉至低层(图2.22a);而输送到雾带北段地区过程中(图2.22b),从17日12时起水汽一路爬升至更高层。

2.5 本章小结

本章基于卫星云图、海上浮标站、地表自动气象站、250 m大气边界层气象塔、探空站以及风廓线观测等数据,分析了环渤海地区的低空急流特征及其对环渤海雾的影响。

结果显示,冬季出现的低空急流多为北风,其他三个季节出现的低空急流的主导风向在180°~270°。强低空急流的风向集中在较窄的范围内(210°~250°),意味着西南风对强低空急流(LLJ3和LLJ4)的形成有较大的贡献。大部分低空急流的风速低于14 m/s,强低空急流出现的频率仅为5.1%。对低空急流出现的高度统计显示,低空急流往往出现在2 km以下,除了峰值高度(500~600 m)外,低空急流出现的高度分布较为均衡,但不同强度低空急流出现高度的分布特征不同。低空急流的月出现频次分布特征显示,与冷季相比低空急流更倾向于出现在暖季,可能与暖季边界层内惯性振荡的振幅增大有关。此外,低空急流的出现频次和出现高度分布呈现出显著的日变化。

对2016年全年的数据进行分析,结果显示,天津地区的雾频繁发生在秋冬季(46%),且由于低空急流对传输水汽、热量和污染物的重要作用已经被认知,因此,低空急流对天津地区雾的影响不可忽视。与气流类型5相关的西南低空急流和与气流类型6相关的北向低空急流被认为可能与天津地区的雾密切相关。个例结果显示,伴随西南低空急流的雾、伴随北向低空急流的雾和无低空急流伴随的雾持续时间分别为14.6 h、3 h和6.6 h。且西南低空急流大多出现在雾形成前,而北向低空急流往往出现在雾过程中,意味着西南低空急流和北向低空急流对雾的影响可能不同。为了深入研究低空急流和雾的物理联系,本研究对几次伴随有西南低空急流和北向低空急流的雾事件进行了深入分析。个例研究结果显示,强的北向低空急流的风切变引起的强湍流混合能够向下传输到雾层中,导致雾层中的湍流混合增强。同时,雾顶之上与北向低空急流对应的"干冷舌"下沉进入雾层,干冷空气逐渐与雾层中的饱和湿空气混合,导致雾层中的温度和湿度下降。最终,强的北向低空急流导致雾顶之上的逆温层崩塌,并最终导致雾消散。弱的北向低空急流引起的弱湍流无法传到地表,但是仍可以向下传输到雾层中。弱湍流混合降低逆温层的强度和大气稳定度,有助于提高雾顶和雾中的冷却率,并有助于雾层的垂直发展。简而言之,北向低空急流与雾的发展存在临界关系,强的北向低空急流导致雾消散,而弱的北向低空急流有助于雾的发展。但是由于伴随着北向低空急流的雾的持续时间往往短于无低空急流伴随的雾,说明北向低空急流对天津地区雾的主要贡献为导致雾消散。

西南低空急流对雾的主要贡献为向雾区传输水汽进而提高近地层的比湿,有助于雾的形成、发展和延长雾的持续时间。气块后向轨迹追踪和高分辨率时空的数值模拟结果进一步重现了西南低空急流和弱锋面系统在大雾向海面拓展及主体雾区东移过程中的作用。西南暖湿气流的输送使得雾前 600～1200 m 低空为较强的低空逆温层控制,水汽敏感性试验进一步验证了南方水汽输送对环渤海及周边地区大雾的贡献,如将雾前 24 h 西南水汽相对湿度降低 50%,雾区面积显著缩小,但由于西南急流往北输送过程中经历了下沉或爬升过程,对渤海湾、渤海南部以及辽东湾东部与辽宁东部地区,主要作用于地面雾水,贡献率最大超过 90%;而对渤海北部及辽宁西部地区,主要作用于较高层雾水,贡献率最大为 50% 左右。总之,低空急流在雾的形成、发展和消散阶段扮演着重要的角色,其作用不可忽视。夜间低空急流对雾中湍流的影响有待进一步深入研究。

第3章

塔层气象与雾生消关系

大气边界层内近地层的风、温、湿及其廓线的分布特征直接影响雾的生消和垂直发展,同时雾的生消也会影响边界层的各气象要素,即雾与大气边界层的各气象要素之间存在显著的反馈机制。为了弥补常规气象观测资料在研究雾过程边界层和湍流特征时面临的时空分辨率不足问题,国内外开展了一系列雾天大气边界层野外观测实验,对辐射雾、山地雾、海岸雾等过程的大气边界层结构和演变特征进行了加强观测研究(李子华 等,1992;黄玉生 等,2000;唐浩华 等,2002)。雾过程大气边界层结构及演变特征不仅与天气系统有关,而且与局地地形、地貌息息相关(邓雪娇 等,2007;宋润田 等,2000)。为了加强对环渤海区域不同气压场类型下雾天大气边界层结构的认识,本章利用大气边界层 255 m 气象铁塔的高密度气象观测资料,分析了天津地区雾天温度、湿度、风向、风速等气象要素的演变特征,着重分析了雾过程的边界层特征及其与雾生消的关系。

3.1 雾日和非雾日的塔层气象条件差异

针对天津地区,一般将 20 时至次日 20 时内出现雾的日期记为一个雾日,反之则记为非雾日。应用天津 2002 年的地面站观测数据,统计了天津地区雾日与非雾日的边界层特征。风速廓线的结果显示,除有冷空气过境外,雾日与非雾日的风场并没有明显的区别,近地层 40 m 以下的风场一般较弱。辐射雾往往形成于近地层的稳定层结内,因此,即使上层的风速迅速增大,辐射雾有时仍可生成。故夜间 80 m 以上风场的强弱对辐射雾生消的影响并不大。从雾日和非雾日的湿度演变来看,雾日 120 m 以下的湿度较非雾日大。由于 2010 年前塔层资料只有 20 m、120 m、250 m 三层湿度资料,难以得到湿度廓线精细分布,因此,本节中不对湿度平均廓线进行深入讨论。以下仅讨论雾日与非雾日温度廓线的异同。

3.1.1 雾日和非雾日的温度廓线

图 3.1 给出了 2002—2007 年 11 月,雾日和非雾日夜间的平均近地层逆温高度的时间演变。日落(18 时)后,地表的辐射冷却作用增强,近地层逆温的高度增高,强度增强。至 20 时,非雾日的逆温平均高度达到 70 m,逆温强度达到 3.5 ℃/(100 m);雾日的逆温高度则高达 140 m,逆温强度达到 2.2 ℃/(100 m)。21 时后,非雾日的逆温高度仍保持较快的增长趋势,至 02 时前后,逆温层达到最厚(近 120 m)。02 时后,逆温高度略有回落,稳定在 100 m 附近。与非雾日相比,雾日的逆温厚度在入夜后从平均 100 m 增加到 140 m,02 时后,雾日的逆温高度同样

略有回落,与非雾日的演变特征类似。尽管部分时段非雾日近地层逆温高度的演变特征与雾日类似,但雾日夜间近地层逆温的平均高度要高于非雾日的逆温高度。

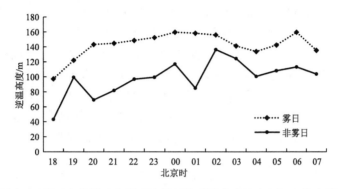

图 3.1 雾日与非雾日夜间近地层平均逆温高度演变(以 11 月为例)

图 3.2 给出 2002—2007 年 1 月雾日和非雾日近地层平均温度廓线的演变特征。其中,12 时的温度廓线代表日间的温度廓线。图 3.2a 显示雾日的日间,50 m 以下为不稳定层结,50 m 以上为中性层结,近地层的温度递减率很小,约 1 ℃/(100 m);而非雾日日间的温度廓线(图 3.2b)显示,180 m 以下,气温随高度上升而显著降低,即不稳定层的厚度和强度均显著高于雾日。非雾日上、下层温度的配置与雾日的配置恰好相反,即上层温度比雾日低,而近地层温度比雾日高。日落后,近地层各层的温度逐渐下降。雾日,近地层 120 m 以下气温下降略快,120 m 以上气温下降略慢;非雾日,120 m 以下气温下降略慢,120 m 以上气温下降略快。雾日和非雾日日落后上、下层不同的降温幅度,最终导致雾日 20 时后的逆温层比非雾日的逆温层厚。由雾日和非雾日上、下层温度昼夜变化的趋势可以推测出,雾日夜间,近地层 120 m 以下,或者雾日夜间的长波辐射较非雾日强,或者雾日夜间近地层弱冷平流较非雾日明显,而雾日夜间近地层以上暖平流比非雾日夜间明显。

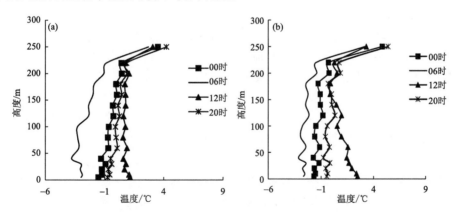

图 3.2 雾日(a)和非雾日(b)近地层平均温度廓线昼夜演变(以 1 月为例)

3.1.2 雾时和非雾时的温度廓线

雾日中,雾不一定时刻存在。为了分析雾时的温度廓线特征,本节中将雾日中当前 1 h 内有雾存在时称为一个雾时,而非雾时则指当前 1 h 内无雾。将雾日逐时分为雾时和非雾时两类,图 3.3 给出了雾日中雾时与非雾时平均温度廓线的昼夜演变特征。结果显示,入夜后 20 时到日出前 06 时的夜间时段,雾时和非雾时的近地层气温差异不大,但夜间各雾时(20 时、00 时、06 时)的温度日变化较弱,而非雾时夜间的气温存在较强的日变化。从 20 时和 06 时的温度廓线来看,雾时和非雾时的温度廓线近地层的差异不大。在 180 m 以上,雾时较非雾时的平均气温高,逆温更加显著。但从 00 时的廓线来看,雾时和非雾时的温度廓线差异较大。有雾存在时,气温随高度迅速上升,50 m 以上气温高于 0 ℃;而非雾时,气温随高度缓慢上升,250 m 内气温均低于 0 ℃。此差异可能跟雾中水汽吸收地表长波辐射及水汽潜热释放增温有关系。此外,00 时的温度廓线还显示:雾时近地层的逆温强度较非雾时强,雾时近地层 60 m 以下逆温强度达到 4 ℃/(100 m),而非雾时 60 m 以下逆温强度仅 0.9 ℃/(100 m)。

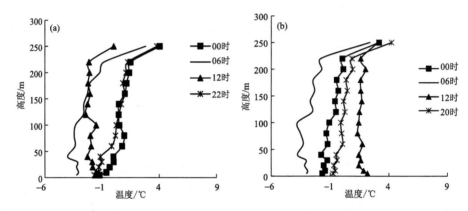

图 3.3 1 月雾日中(a)雾时和(b)非雾时近地层平均温度廓线演变(以 1 月为例)

日出后的白昼时段以 12 时为例。有雾存在时,近地层(10 m)的气温与夜间的气温相比,升温不明显;而对于非雾时,12 时近地层的气温已上升到 2 ℃,温差接近 4 ℃。从温度廓线上来看,雾时,20 m 以上的气温仍维持在 -2 ℃左右,各层温度相差约 3.5 ℃。非雾时,20 m 以上的气温在 12 时回升到 1.5 ℃左右,升温明显。

雾日中,比较同时次的近地层气温廓线,结果显示,无论雾是否已经存在,夜间近地层气温差异不明显,雾中塔层气温整体高于非雾时塔层气温;白天日出后,有雾时影响低层气温回升,雾中塔层气温整体低于非雾时塔层气温,差值达 4 ℃左右。

3.2 不同气压场背景下雾中塔层气象条件特征

为了方便业务应用,结合高低空环流形势和物理量要素场的分布,仅以每次过程中持续时间较长或影响比较显著的影响系统为标准来归类,将有利环渤海区域雾形成的类别归为四大类(表 3.1)。

利用 2002 年以来地面气象台站观测及 NCEP 1°×1° 再分析资料,归类统计了天津城区弱低压、弱高压、地面倒槽、高空槽等 4 类气压场条件下的环流特征和气象要素场演变规律。结果表明,天津城区不同类型雾过程中,气象要素物理量场的特征如下。

表 3.1　四类气压场形势下的雾过程

地面弱低压场型 （年月日）	地面弱高压场型 （年月日）	地面倒槽型 （年月日）	高空槽型 （年月日）
C2：20021210—20021211	C4：20030123—20030124	C1：20021201—20021204	C9：20041130—20041204
C7：20031231—20040101	C5：20030228—20030301	C3：20021213—20021216	C12：20060213—20060214
C13：20061230—20070105	C6：20030306—20030307	C11：20060205—20060207	C14：20070220—20070222
C15：20071016—20071017	C8：20040105—20040106		
C16：20071023—20071024	C10：20060113—20060115		
C17：20101023—20101024			

注：C1～C17 表示个例 1～17。

（1）在华北弱低压场、弱高压场条件下，天津城区出现的雾多归类为辐射雾或平流辐射雾。雾过程中，500 hPa 环流较平直。雾前，850 hPa 附近层可为槽前西南气流，也可为脊前西北气流，而 925 hPa 以下近地层有明显暖平流，水汽平流接近于 0，当 925 hPa 及以下层转成较强冷平流时，容易在冷平流的夜间或凌晨达到近饱和，从而容易出现辐射雾。

（2）在地面倒槽北伸至天津地区附近的条件下，天津城区出现的雾多归类为平流雾或锋面雾。500 hPa 环流较平，850 hPa 一般为西南气流，近地层 1000 hPa 可见到明显的辐合线。雾前，近地层 925 hPa 以下为暖湿平流，暖湿平流强时可达 850 hPa，逆温顶位于 900 hPa 附近，当近地层 1000 hPa 左右转偏北弱冷平流时（此时 925～850 hPa 仍为或强或弱的暖平流），雾容易产生。当冷空气加强时，500 hPa 以下各层转成西北冷平流，雾过程趋于结束。与辐射雾最大的不同是，此类雾中近地层在有暖平流输送的同时有湿平流输送到天津上空。

（3）高空槽下，暖湿平流均较前 3 类雾强，700 hPa 以下有明显的暖湿平流，逆温深厚，逆温顶可达 780 hPa 附近，与前 3 类雾产生在冷平流侵入后不同，高空槽型雾产生在深厚暖湿平流条件下，也可称锋前暖区雾。当出现明显的水汽通量弱辐合时，一般会出现雨（雪）与雾共存现象，水汽辐合较强时，雨滴增大，雾消散；当水汽通量散度辐散时，雨（雪）会停止而仅出现雾天气。有较强的冷空气侵入到本地上空是此类雾开始走向消亡的标志。此类雾过程中，西南暖湿气流不仅为雾的生成和发展提供了源源不断的水汽来源，也改变了夜间稳定边界层的层结状态；锋面逼近天津本地过程中，由于锋前暖湿空气的被迫抬升，悬浮逆温层稳定存在，近地层冷空气侵入，反而容易使近地层雾更加浓密。

3.2.1　地面弱低压场背景

在地面弱低压场形势下，雾一般生成于后半夜（03 时 30 分至 05 时 30 分），在日出后于 08 时 30 分至 11 时 30 分消亡，可断续出现多日，多属于辐射雾。

雾过程中，近地层 40 m 以下的风力均很弱，且风向不定，但 40 m 以上大气边界层内的风变化较大。成雾前期，尽管近地层一般均为稳定弱风条件，但夜间较强低空西南气流与夜间雾的形成密切相关，有些直接生成于强低空西南气流（大于 8 m/s）侵入期间或强低空西南气流刚停止时，如 C2、C7 的第一个雾日和第二个雾日。有时雾生成于弱风条件下，如 C8、C10 的第三个雾日。

雾前期，均有近地层逆温存在。对多年铁塔观测资料分析结果显示，除降水和大风的情况下，秋冬季夜间往往存在近地层逆温，晴空时逆温强，有云盖时逆温弱。1 月逆温日变化的平均状况为:16时,逆温从地面开始生成,高度为 10 m,以后逐渐增高、加强;18时,逆温层增高至 30 m;20时,逆温层增高至 60 m,60～160 m 为逆温和非逆温的交混层;22时,逆温层增高至 160 m;次日 00—02 时,逆温层增高至 180 m;04—08 时,逆温层增高至 250 m 以上。但 06 时开始,逆温层中 60～80 m 出现气温层结递减的非逆温状态,猜测可能与城市热排放有关。08 时,地面逆温被破坏,逆温层开始抬升,至 10 时,逆温层抬升至 180 m 高度,11 时前,近地层逆温彻底消失。2月近地层逆温的日变化与1月类似,只是逆温生成时间要晚,消失时间要早 1～2 h。随着向夏季的推进,逆温生成时间会更晚,消失时间会更早。

成雾当天或成雾时,如出现西南低空急流,则对雾生成前期湿度的要求不高。如 C2 成雾前一日 14 时的相对湿度仅为 37%,20 时的相对湿度仅为 51%;C7 成雾前一日 14 时的相对湿度仅为 33%,20 时的相对湿度也仅为 42%。但弱风条件下成雾,前一日 20 时的相对湿度必须超过 60%。由此看来,夜间西南低空急流对水汽的输送作用不能忽视。雾维持期间,相对湿度一般均在 90% 以上。但有时相对湿度反在 80% 以上,雾仍然存在,表明城市雾的存在可能更多地受气象要素以外的因素影响,如吸湿性气溶胶的存在使得相对湿度未达到饱和状态就能出现凝结现象(吴兑,2005)。

依据观测的湿度和温度廓线,一般将相对湿度大于 80% 且等温线密集的高度识别为雾顶高度。结果发现,冷雾(地面温度低于 0 ℃ 出现的雾)有明显的雾顶,逆温层底往往抬升至雾顶。如 C2、C7、C8 雾过程,雾生成后,雾的存在和发展破坏了原有的逆温层结,使得逆温层底上升。暖雾(地面温度高于 0 ℃ 出现的雾)中,逆温层底并没有明显的抬升,即雾生成后,雾的存在和发展并没有破坏原来的逆温层结。不管冷雾或是暖雾,此类雾顶高一般为 80 m 左右。

华北地形槽是地面弱低压场的一种特例,是华北秋冬季经常出现的一种地面气压场形势,具有一定的代表性。下面以 2004 年 1 月 1 日华北地形槽形势下生成的雾过程为例,给出该形势下生成的雾的低层气象要素特征。

从图 3.4 可以看到,雾形成的前一天,尽管地面气压场梯度很弱,全天基本上为静风,但 40 m 以上高度西南风超过 6 m/s,最大达到了 12 m/s。2003 年 12 月 30 日 17 时日落后,逆温温生成并逐渐加强,至 21 时 250 m 逆温强度达 2.7 ℃/(250 m),低层各层比湿开始显著上升,尤其是 20 m 高度以下的水汽含量持续上升。至 12 月 31 日 02 时,250 m 以下逆温强度达 5 ℃/(250 m),此后,夜间辐射逆温进一步增强,边界层高度下降,80 m 以上高度转为西北气流,对应层的湿度迅速降低。例如:120 m 高度比湿数值由 31 日 02 时的 2.0 g/kg 迅速降低到 08 时前后的 1.0 g/kg,下降速率为每小时 0.34 g/kg;而 20 m 高度的比湿仍以平均每小时 0.25 g/kg 的速率继续上升。随地表长波辐射降温塔层逆温增强,06 时前后,低空 250 m 极大逆温强度达到 7 ℃/250 m。这时,尽管 120 m 以上高度的大气相对湿度降低到只有 26%,但近地层 20 m 高度的相对湿度上升到近 90%,能见度迅速下降到 1 km 以下,近地层雾形成。从低层大气比湿演变可以看到:由于上游空气干燥,没有水汽平流输入,原来低空分布较均匀的水汽被积聚在强逆温顶盖下更低层的大气中,导致 31 日夜间近地层水汽含量不断上升,而稍高层水汽含量下降。同时还可以看到:入夜后当低空为西南风时,水汽集中在 120 m 左右厚度的大气中,而当稍高层以上转为西北风时,相应层水汽聚集在西北风层以下;从水汽变率来看,西北风时,相应层水汽逸散耗损多于下层增湿,并非只是简单的逆温层底水汽的重新分配。

从风场变化看,31 日后半夜,80 m 以上高度由西南风转成 8 m/s 的西北风,持续到 12 月 31 日 12 时前后再次转成西南风,2004 年 1 月 1 日 03 时前后 80 m 以上又一次转为西北风。

不仅风廓线的转换规律与 30 日相似,温、湿廓线演变规律与 30 日也类似,即:31 日白天边界层水汽含量依然较低,且白天无明显变化,入夜后各层湿度开始上升,当塔层较高高度转为西北风且风速为 6 m/s 左右时,对应高度的比湿显著下降,而近地层比湿仍然保持上升态势,04时后近地层相对湿度达 90% 左右,能见度小于 1 km,雾形成。至 1 月 1 日 06 时,250 m 高度的逆温达到 7 ℃,近地层水汽含量同步也达到了最大值,为 4.5 g/kg 上下,日出后,地表温度上升,近地层逆温被破坏,雾于 09 时 50 分消散。结合等温线与湿度垂直分布梯度来看(李子华 等,1999),这两次雾顶高约为 80 m 左右。

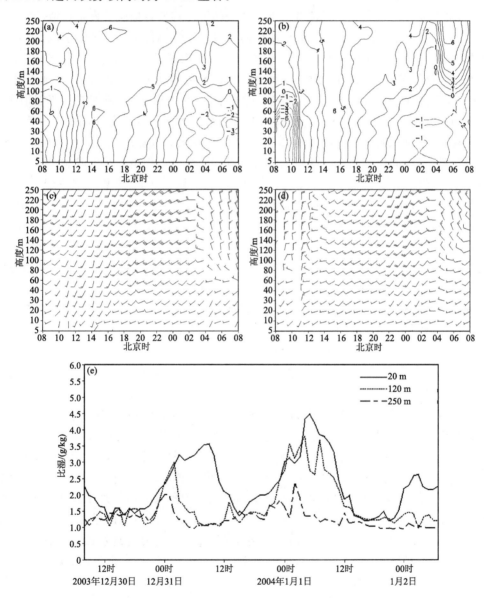

图 3.4　华北地形槽形势下边界层气象要素变化

(a)2003 年 12 月 30 日 08 时到 31 日 08 时位温(单位:℃);(b)2003 年 12 月 31 日 08 时到 2004 年 1 月 1 日 08 时位温(单位:℃);(c)2003 年 12 月 30 日 08 时到 31 日 08 时风矢量;(d)2003 年 12 月 31 日 08 时到 2004 年 1 月 1 日 08 时风矢量;(e)2003 年 12 月 30 日 08 时到 2004 年 1 月 2 日 08 时比湿

3.2.2 地面弱高压场背景

地面弱高压形势下雾生消原因及维持时间基本同地面弱低压形势下生成的雾特征一致。此形势下,雾一般生于后半夜(03 时 30 分至 05 时 30 分),消亡于日出后(08 时 30 分至 11 时 30 分),可断续出现多日。此形势下生成的雾一般可归类为辐射雾和平流辐射雾或锋面雾,如 C4、C13 均处在蒙古高压前部,渤海、黄海等东部海面已受蒙古高压的控制。由于前期暖湿气流强盛,C4 中弱冷空气入侵时同时伴有毛毛雨和雪天气现象,可归为锋面雾;C13 由于前期有一次大雪过程,地面积雪多日,在稳定的环流背景下夜间的辐射冷却使近地层雾夜生日消,维持了 4 d,可归为辐射雾。C5 处在蒙古高压后部,由于夜间低空西南急流带来了充足的水汽,在本地辐射冷却作用下凝结成雾,可归为平流辐射雾。如果雾前已经出现了明显的雨(雪)天气,随后出现的雾过程的大气边界层特征接近于湿润下垫面条件下的辐射雾夜生日消的特征,雾维持时间一般仅 5 h 左右,甚至最短近 20 min。如 C6 的第一个雾日,主要是由于雪面强烈辐射降温形成的。

大气边界层气象要素分布大多与地面弱低压形势下生成的雾特征相同。雾过程中,40 m 以下的风均很弱,且风向不定,但 40 m 以上的风变化较大。成雾前期,尽管边界层一般均为稳定弱风条件,但夜间增强的低空西南气流与夜雾的形成密切相关。雾生成前,往往存在较强的西南低空气流输送水汽,如 C4、C5、C6、C10 的第二个雾日,C13 的第一和第四个雾日,220 m 的西南风均在 8 m/s 以上,但维持时间仅约 4 h,在随后的夜间辐射降温过程中,雾生成于后半夜的弱风场中,平流辐射雾的特征明显。其中,C10 的第一个雾日、C13 的第二和第三个雾日,成雾前后风力微弱。

此形势下出现的几次雾过程均为冷雾(地面温度低于 0 ℃),其中 C4、C5 有明显的雾顶,逆温底抬升至雾顶。而同样为冷雾的 C13 过程中,雾体中没有明显的不稳定层结出现,逆温底从地面开始,有较明显的等温线密集带,雾厚度变化较大。C4、C13 的第三和第四个雾日,雾厚度仅为 30 m 左右,C5、C13 的第一和第二个雾日,雾厚度为 100~180 m。在雾消散阶段,日出后由于地表升温,雾滴逐渐蒸发、消散。

下面以 2004 年 1 月 4—5 日雾过程为例,给出在地面高压场形势下生成的雾过程的塔层气象要素分布特征。

从塔层资料看,雾发生的前一天,即 1 月 3 日 08—18 时,80~250 m 高度为 2~4 m/s 的弱东风或东南风,近地层 20 m 的比湿在缓缓上升,而稍高层比湿变化不大。1 月 3 日 19 时到 4 日 06 时,80 m 以上高度转成南风,且风速增强到 4~6 m/s,近地层逆温于 18 时前后生成,随着夜间长波辐射降温增强,近地层 20 m 高度左右湿度增速趋大,同时 120 m 以上的水汽含量呈下降趋势(图 3.5)。不同高度水汽增量的"跷跷板"现象在此前 1 月 1 日华北地形槽形势下的雾过程中已有体现,是水汽在夜间逆温条件下聚集到更低高度的结果。1 月 4 日 06 时 250 m 高度的逆温强度为 6 ℃/(250 m),比湿为 4.0 g/kg,此时近地层的相对湿度为 84%。日出后,随着短波辐射加强,地表升温,近地层逆温强度减弱,且逆温层于 13 时消散。此期间,近地层水汽含量下降,较高层的水汽含量上升,各层水汽分布趋于均匀。与 1 月 3 日同期相比低层比湿增加 1.0 g/kg 左右,有利于满足凝结所需的水汽条件。与华北地形槽下生成的雾过程不同的是:这次雾过程中,尽管 250 m 高度内风速均较弱,但低层为弱偏东风,有利于将东部渤海的水汽输送到陆地,故 120 m 以下的水汽呈缓增趋势。日落后,随着逆温增强,低层水汽迅速聚集,至 22 时,塔顶层逆温强度为 5 ℃/(250 m),120 m 以下的相对湿度已由 4 日 17

时的 48% 上升至 90% 左右,随后能见度下降至 1 km 以下,雾生成。此时尽管 120 m 以下各层
比湿相差不大,但由于上层气温高于近地层,120 m 相对湿度只达到 52%,结合李子华等
(1999)指出的雾顶判断方法可确定,此次雾过程的雾顶高度与 1 日相近,为 60 m 左右。5 日
上午,塔层风场仍然很弱,只是短波辐射增强后,雾滴逐渐被蒸发,10 时 10 分雾消散。

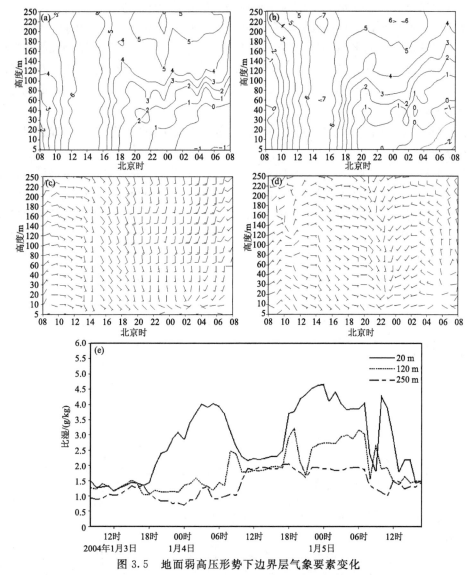

图 3.5　地面弱高压形势下边界层气象要素变化

(a)2004 年 1 月 3 日 08 时到 4 日 08 时位温(单位:℃);(b)2004 年 1 月 4 日 08 时到 5 日 08 时位温(单
位:℃);(c)2004 年 1 月 3 日 08 时到 4 日 08 时风矢量;(d)2004 年 1 月 4 日 08 时到 5 日 08 时风矢量;
(e)2004 年 1 月 3 日 08 时到 5 日 20 时比湿

3.2.3　地面倒槽背景

在地面倒槽形势下,雾生于后半夜到早晨时间段内居多。但由于受暖湿气团控制,天津本
地空气含水量非常充足,只要温度下降到适宜条件或有弱冷空气侵入就容易遇冷析出雾水,所

以这类雾也可以出现在一天中的任何时段。其中 C1、C3 出现在 16 时前后,C1、C3、C11 三次过程中,最短的雾过程连续维持时间为 19 h(C11),最长为 90 h(C3)。大雾过程中,多伴随有间断性雨(雪)天气出现。雨(雪)加强时,能见度上升,大雾会短时减弱。大雾消散的原因多是由于冷空气过境,偏北风加强。此气压场形势下出现的雾以锋面雾居多。

雾生成阶段,近地层 40 m 以下的风均很弱,且以南风和偏东风为主。如 C1、C11,冷空气侵入前,塔层一般均为南风,且夜间有时会有较强低空西南气流的出现。在地面倒槽形势下,辐射雾和平流雾均有可能出现,雾顶高度的变化范围很大。C3、C11 两次过程,塔层高度没有观测到明显的逆温,且塔层高度内相对湿度均超为 90%,表明雾的高度已超出了塔层观测高度,未观测到。除 C3、C11 两次过程外,其他几次雾的厚度变化范围较大,雾顶最低约 80 m,最大厚度均超过了 250 m。

以下以 2002 年 12 月 1—4 日的雾过程为例,分析地面倒槽气压形势下的雾过程中低层气象要素的分布特征。

尽管雾前即 2002 年 11 月 30 日夜间低空逆温已经稳定,但塔层逆温层结仍呈现夜生日消特征(图 3.6);80 m 以上的西南风加强至 8 m/s(图 3.7),空气湿度持续而显著地增大(图 3.8)。雾前,近地层 20 m 的湿度略高于 120 m 以上层的湿度。雾形成后,高层湿度反而高于低层,呈现逆湿特征。11 月 30 日白天,西南风不断将水汽输送到本地上空,使得低空的比湿迅速上升。30 日傍晚,随着低层接地逆位温的建立和增强,近地层水汽含量再次迅速攀升。

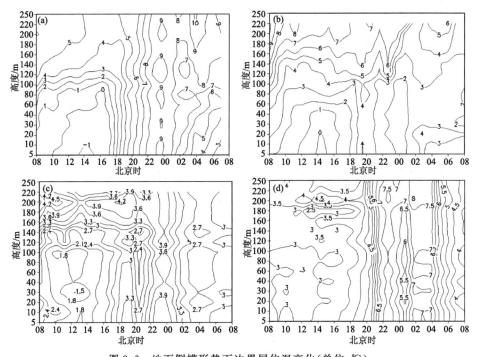

图 3.6 地面倒槽形势下边界层位温变化(单位:℃)

(a)2002 年 11 月 30 日;(b)2002 年 12 月 1 日;(c)2002 年 12 月 2 日;(d)2002 年 12 月 4 日

至 12 月 1 日上午,水汽含量累计增长明显。从 12 月 1 日 15 时和 11 月 29 日 15 时的比湿差来看,20 m 高度的水汽由 2.0 g/kg 显著上升到 4.7 g/kg,平均每小时上升 0.02 g/kg,相对湿度则从 53% 上升到 85%。水汽的累积增多为雾的形成提供了必要的水汽条件(图 3.8)。

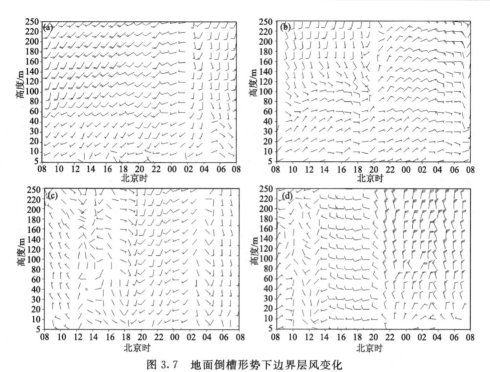

图 3.7　地面倒槽形势下边界层风变化

(a)2002 年 11 月 30 日；(b)2002 年 12 月 1 日；(c)2002 年 12 月 2 日；(d)2002 年 12 月 4 日

12 月 1 日 12—14 时，60 m 以上由南风转为东北风，近地层位温在 2 h 内下降了 2 ℃，同时比湿再次上升，表明东北风给本地带来了冷湿空气。随着地面倒槽逐渐东移入海，倒槽后部与北部高压底部的偏东气流混合后，变性成冷湿平流向陆地输送，使得 12 月 1 日中午天津地区气温下降的同时比湿上升，促进雾的形成和发展。至 15 时 45 分，低层大气相对湿度接近 90%，能见度急剧下降到 1 km 以下。

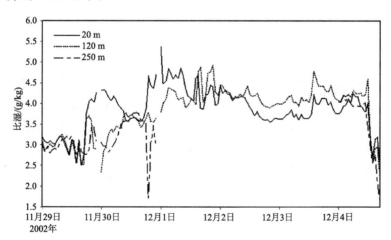

图 3.8　2002 年 11 月 29 日 00 时至 12 月 4 日 23 时地面倒槽形势下边界层比湿演变

雾形成后，12 月 1 日夜间，近地层内上、下层位温呈反向变化趋势，即：100 m 以上位温下降近 2 ℃，而近地层位温则上升近 2 ℃。造成此变化的原因有两个：一方面，冷平流位于 100 m 以上,在层结稳定条件下,上下气层湍流交换弱,近地层直接受冷平流影响较小;另一方面,由于雾顶辐射冷却作用较强,使得相应层位温呈缓降趋势,而深厚的雾层减弱了地表的辐射降温,水汽凝结潜热的释放起主导作用,使得12月1日前半夜近地雾层的位温呈现上升的特征。

雾发展到中后期,即12月2日08时至4日06时,受东北低压底部控制,250 m以下偏南风速均小于3 m/s,近地层为静风,能见度维持在0.8 km左右。雾维持期间,尽管1000~925 hPa高度一直保持较强逆温层结,但塔层大气呈多层逆温特征,仅12月1日夜间逆温层底被抬升到30 m高度,其他时间均为及地逆温,且雾过程中位温变化不大。12月4日07时,塔层较高高度偏西风加强,至12月4日10时后,各层北风增强,220 m的风速达到12 m/s,近地层北风增强到4 m/s,深厚的稳定逆温层结被冷空气破坏,低层气温迅速上升,塔层大气层结逐渐转为中性,湿度迅速下降,能见度上升。至10时25分,雾完全消散。

从地面倒槽下气象要素的分布与演变来看,与弱低压场形势下的低层气象要素呈现出显著的日变化特征不同,同时后者尽管低空风场也为较强西南气流,却并没有观测到低空水汽平流输送的现象,而仅近地层水汽含量上升,稍高层水汽含量变化不大。

3.2.4 高空槽背景

在高空槽形势下,由于逆温层深厚,雨滴下降过程中蒸发的水汽在近地层再次凝结形成了降水(毛毛雨或雪)与雾相间的天气,降水量一般为0.3 mm以下,以低能见度雾天气为主,习惯称为雨雾天气。此类雾可出现在一天的任意时间,但仍以夜间居多。高空槽控制下,中低云系覆盖天空,大气相对湿度一般维持在80%左右,低层大气多呈湿绝热中性层结状态。日落后,近地层向外长波辐射弱,降温缓慢,一般至日出前近地层温度降至全天最低,这时近地层气层达到稳定逆温层结状态。即便前期是雨(雪)天气,在低层逆温层结状态形成后,也容易出现雨雾或雪雾混合天气。另一种情况是在低空暖湿气流减弱后,由于近地层西南风减弱,上下气层湍流交换减小,容易形成稳定逆温层结,为雨雾的形成创造了条件。

尽管此种类型背景下近地层可为任意气压场形势,但80 m以下的风一般较弱,风向不定。80 m以上呈现为一致的西南风,且风速在6 m/s以上,如C12,雾前220 m高的西南风达到12 m/s,雾形成时,风速仍为12 m/s。雾形成后,低层风会逐渐减弱。雾过程中,低层风均较弱,一般低于4 m/s。

高空槽形势下逆温层及雾顶均较高。逆温层普遍能达到850 hPa所在高度附近,雾顶向上发展时均可超过塔层高度,即雾顶高于250 m,探空资料表明,此类雾雾顶可达450 m高度左右。雾中有稳定逆温层结,如C14、C12,也有不稳定层结,如C9。从对应雾层厚度看,深厚雾层中为稳定逆温层结,雾层较薄时,近地层为不稳定层结。

与地面倒槽形势下类似,雾过程前期相对湿度一般已在80%以上。雾形成后,相对湿度上升至90%以上,容易达到过饱和状态。

此类型的雾消散原因有三个:第一个原因是赖以依存的高空槽被冷空气逐渐填塞,导致雾层变薄并最终消散;第二个原因是日出后地表升温逐渐破坏了低空逆温层结,近地层雾上抬为低云;第三个原因是上升气流加强,转成了明显雨(雪)等降水天气,能见度转好。一般而言,日出后,云层接收短波辐射升温,而近地层被深厚云层遮蔽,升温甚慢,低空逆温层得到加强,雾层不但不会消失,反而会在日出后有所加强,只有高空冷空气侵入到上空时,雨雾才会逐渐减弱消散,否则,雨雾天气会持续多天,如C9雾持续了5 d。以下以一次高空暖槽雾过程为例分析低层大气的风、温、湿廓线结构。

图 3.9 给出 2006 年 2 月一次平流雾过程中塔层气象要素随时间的变化,虚线位置表示这次雨雾天气现象生成和消散的时间。2 月 12 日,大气持续增湿,且塔层中部湿度较高,表明西南气流源源不断地向天津输送水汽。2 月 12 日傍晚,风力开始减弱,风向切变加强,呈现双层逆温结构。塔中层为弱不稳定层结,低层逆温较强,最强逆温出现在 12 日 19 时,强度高达4.0 ℃/(100 m)。高层逆温较弱,最强逆温出现在 12 日 21 时,强度约为 1.9 ℃/(100 m)。12日 22 时以后,120 m 高度的西南风最大达 10.7 m/s,表明西南气流入侵加强。此时,大气呈现出弱不稳定层结特征,与夜间晴朗弱风稳定条件下的大气层结明显不同(赵德山 等,1981)。13 日 03 时,相对湿度上升到 90% 左右,大气呈等温状态,西南暖湿气流减弱抬升,120 m 高度风速持续小于 6 m/s,近地层风力减弱后,雨雾于 13 日 04 时前后形成。

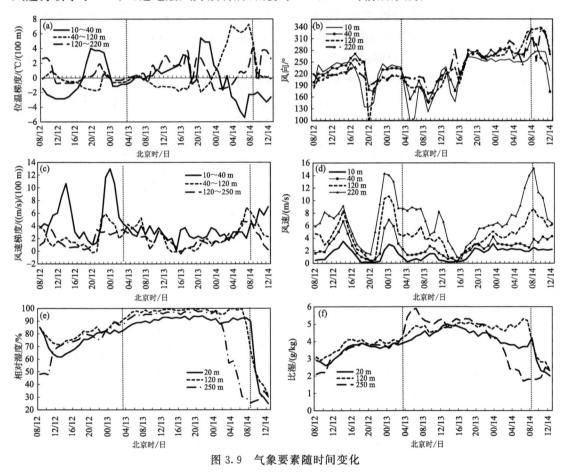

图 3.9　气象要素随时间变化

从湿度和温度结构可以看到,雨雾形成初始,其云层厚度已经超过了塔层观测高度。雾形成后,随着西南气流的进一步减弱消退,塔层风速再次小于 2 m/s。此时,不同高度风向切变均增大,风速梯度趋于一致。塔层中、上部相对湿度接近 100%,进入雾发展最旺盛的阶段。此时,受地表辐射降温和雾水凝结潜热加热的共同作用,塔层高度范围内再次呈现双层逆温结构。与雾前的双层逆温结构不同,雾过程中的高层逆温强度略大于低层。13 日 20 时后,受地表长波辐射影响,低层逆温强度再次大于高层;13 日 22 时,冷空气入侵,温度、比湿和相对湿度同时迅速下降;14日02时,高层西北风增强至6 m/s,相对湿度降至90%以下,塔层上部的雾首先消散。由于高空下沉气流形成的逆温在中层堆积(宋润田 等,2001),塔层中部大气由不稳定层结逐渐演变为强逆温层结,水汽不易向上输送,低层雾继续维持,且低层由逆温稳定层结演变为超绝热不稳定层结,其特征与辐射雾类似(李子华,2001)。14日07时,中层逆温达到最强,西北风增强至6 m/s。此后,塔层中部相对湿度迅速下降到70%以下,中层逆温层结很快消失,雾顶再次下降。14日08时,近地层相对湿度降到80%,雾全部消散。雾消散后,各高度相对湿度降低至30%,大气呈现弱不稳定状态。

(1)雾形成前阶段气象要素廓线特征分析

2006年2月11日夜间有轻雾,80 m以下大气呈弱不稳定或近中性层结,80~250 m逆温较强,达到2.5 ℃/(100 m)(图3.10a)。2月12日日出后,近地层气温迅速上升,逆温层底部逐渐抬升。塔层维持一致的西南风,风速随高度升高迅速增大,100 m高度以上风速大于5 m/s(图3.10b、c)。相对湿度呈现出明显的白天低、夜间高的日变化特点,但比湿一直呈缓慢升高趋势。12日08时,250 m的比湿为2.1 g/kg,至12日19时,250 m的比湿逐渐升高至2.8 g/kg,相对湿度接近80%。12日傍晚,强烈的地表辐射降温使近地逆温形成并迅速增强,较高的逆温层底部不断下降。12日18时,低层形成双层逆温结构,其中30~60 m高度温度随高度上升略有下降,为相对的低温层。近地层逆温最强时达到4.0 ℃/(100 m),上层逆温最强时达

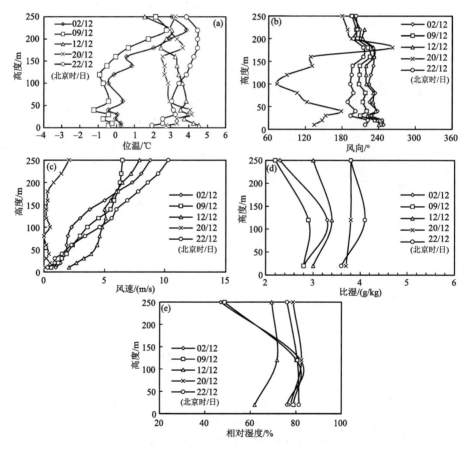

图3.10 成雾前阶段塔层气象要素随高度变化

1.9 ℃/(100 m)。与北京夜间稳定边界层(赵德山 等,1981)和沪宁高速辐射雾前(黄建平 等,1998)的低层大气出现的双层逆温结构类似,即:夜间稳定边界层,地表强辐射降温的逆温中心一般位于 10 m 左右,近低层以上大气逆温很弱且呈多层逆温分布。

　　2 月 12 日入夜后,近地层风速迅速减小,风向垂直切变增强。40 m 以下由东南风顺时针旋转为西南风,40~100 m 高度由西南风逆时针旋转为偏东风,上层再次顺时针旋转为西南风。风速的垂直切变也比较明显,140 m 以下保持 1 m/s 以下的微风,140 m 以上风速随高度上升线性增大,220 m 高度的风速达 5 m/s,风向和风速切变均有利于湍流的发展(图 3.10)。

　　2 月 12 日 23 时前后,西南暖湿气流突然增强,塔层西南风迅速增大,5 m 高的风速为 1.7 m/s,250 m 高的风速突增至 14.8 m/s。塔层温度从低层到高层不再呈现下降趋势而是转为升高趋势。由于近地层升温速度快于上层,塔层由逆温层结迅速调整为等温层结,最后演变为弱不稳定层结,塔层温度廊线呈现出湿绝热递减分布特征。西南气流加强期间,塔层缓慢增湿。13 日 03 时(雾前时刻),低层大气的比湿为 2.6 g/kg,相对湿度 80% 左右,塔层上层大气比湿为 4.3 g/kg,相对湿度缓慢上升至 90% 左右(图 3.11)。雾前比湿的持续上升表明西南气流给本地带来了源源不断的水汽。

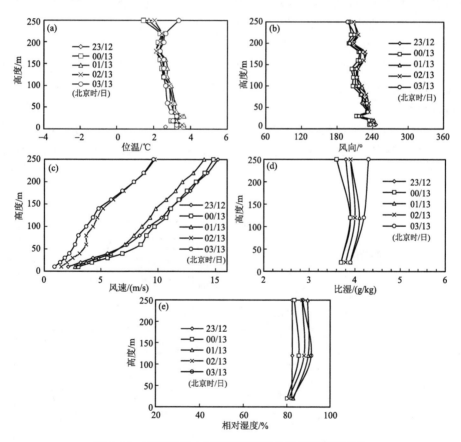

图 3.11　西南气流入侵期间塔层气象要素随高度变化

　　(2)雾形成至发展成熟阶段气象要素廊线特征分析

　　2 月 13 日 03 时,塔层高度内西南风迅速减弱,尤其是 60 m 以下,西南风迅速减小至 1 m/s

左右。低层大气的比湿为 4.0 g/kg,相对湿度 83％左右,上层比湿为 5.0 g/kg,相对湿度已经达到 90％左右。雨雾于 2 月 13 日 04 时形成,说明云底已经接地,雾可能是雨滴在近地层的二次蒸发形成的,也可能是低云下降而形成,由相对湿度垂直分布可知,接地低云厚度已超过 250 m。雨雾形成之初,100 m 以上的西南风仍较大,如 220 m 高的风速仍为 9 m/s,温度继续上升,表明雨雾形成后,暖湿气流仍然作用于塔层较高高度。在凝结潜热和暖湿平流的共同作用下,塔层温度呈上升趋势,但由于地表辐射降温的影响,近地层温度上升速率慢于上层,塔层高度内大气层结由弱不稳定逐渐调整为弱稳定层结,13 日 09 时再次形成双层逆温结构,并持续到 13 日 23 时。近地层逆温中心位于 10～30 m 高度,上层逆温底部位于 60 m 附近,逆温顶超过观测高度。逆温强度随时间先缓慢增强,入夜后迅速减弱。平流雾过程的双层逆温层结特征明显不同于辐射雾(李子华,2001)。其可能的原因有两个:第一,平流雾形成后,外部水汽和热量仍然输送到本地上空;第二,由于低层的层结稳定,雾体深厚,雾顶的强辐射冷却效应难以影响近地层气温变化。另外,13 日白天,深厚的雾体吸收了大量的短波辐射,到达地表的辐射较少;13 日入夜后,深厚的雾体又抑制了地表的长波辐射降温,低层大气处于近似热平衡状态,各层气温日变化不明显,使平流雾中双层逆温层结得以长时间维持。使用声雷达也曾探测到北京一次平流雾中出现双层逆温结构(宋润田 等,2001),但由于对平流雾过程研究较少,雾中双层逆温结构特征及其形成的客观原因有待进一步深入研究。

雨雾形成后,塔层中低部比湿持续增大到 4.8 g/kg,相对湿度达到 90％左右,塔层上部比湿升高到 5.1 g/kg 左右,相对湿度达到了 100％。2 月 13 日 12 时,塔下层大气相对湿度超过 90％,塔层上部的相对湿度达到 100％,雨雾天气继续维持。从湿度的变化来看,此时雾进入发展最强盛阶段。

风廓线结果显示,雾形成到成熟阶段的风场具有显著的振荡变化特征:60 m 以下风向随时间呈东南风和西南风的短时振荡变化,风场随高度变化呈东南风顺时针旋转为西南风或西风。风场随高度的顺时针旋转变化再次证明了雾形成到成熟阶段,大气边界层内仍然有暖平流输送(图 3.12)。

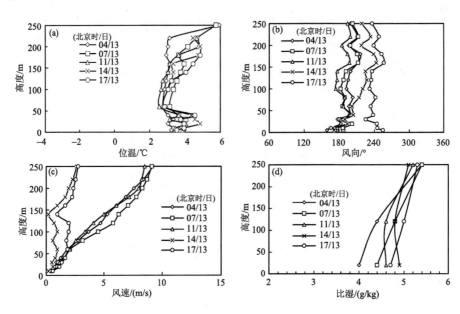

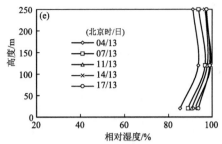

图 3.12　雾发展至成熟阶段塔层气象要素随高度变化

(3)雾消散阶段气象要素廓线特征分析

2 月 13 日 20 时,低空暖平流消退,塔层高度转为一致的偏西风,250 m 高的风速增大到 6 m/s。上部和近地层温度突然下降,使得上层逆温强度迅速下降,而近地层辐射逆温增强。13 日 23 时,下沉逆温层形成于 40～120 m 高度。2 月 14 日 02 时,150 m 以上的西北风达到 6 m/s,温度骤降,比湿迅速降至 2.8 g/kg,相对湿度也迅速降低到 80% 以下。随着冷空气的逐层下移入侵,上层雾首先消散,雾顶下移至 120 m 附近。由于冷空气下沉增温作用,40～120 m 高度的逆温进一步增强,水汽难以向上输送,塔层中、下部雾体仍得以维持。雾顶降低后,近地层大气呈超绝热递减层结,呈现典型辐射雾的温度廓线特征。此特征是雾顶强烈的辐射降温的结果,雾体变薄,雾顶的强辐射降温可以直接影响到近地层的温度层结状态(图 3.13)。

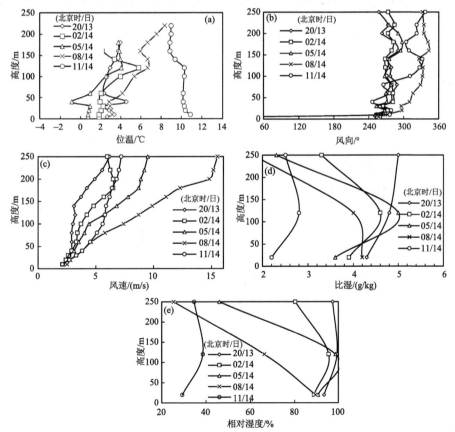

图 3.13　雾消散阶段塔层气象要素随高度变化

2月14日07时,冷空气进一步加强,120 m高度的西北风增大到8 m/s,高层湿度急速下降,250 m高度比湿已降低至2.0 g/kg,相对湿度降低到26%,120 m高度的相对湿度迅速下降到66%,中层雾消散。日出后,在地表温度迅速升高和冷空气进一步下移的共同影响下,塔层中部逆温迅速减弱,有利于近地层水汽向上输送。至2月14日08时,低层相对湿度低于80%,近地层雾完全消散。

3.3 本章小结

统计雾日与非雾日塔层气温垂直分布差异发现,与非雾日比,近地层以上雾日各层气温在夜间时段均更高,而在白昼时段雾中各层气温更低;雾日夜间逆温厚度大,但近地层的逆温强度比非雾日弱。

归类分析天津典型地面气压场(弱低压场型、弱高压场型、倒槽型)和高空槽型背景下雾过程的近地层气象要素特征发现,共性特征是,雾前期40 m以下均为弱风且近地层存在逆温层结和增湿现象,各自的特殊性为:

(1)低层大气逆温层结各有特点。地面低压和弱高压场背景下的辐射雾过程中,浅薄逆温层夜生日消,强度从下而上迅速减弱,雾形成后,逆温底抬升到雾顶高度附近,且雾层内部逐渐演变呈弱不稳定层结。而地面倒槽和高空槽形势下的锋前平流雾过程中,逆温层结稳定且厚达近千米,雾中塔层大气呈多层逆温或弱逆温层结特征。

(2)80 m以下均为弱风。华北地形槽气压场背景的雾过程中,80 m以上6 m/s左右的西南风和西北风呈规律性日变化;地面弱高压形势下雾过程中,250 m以下高度均为弱风控制;地面倒槽和高空槽气压形势下,雾形成前期为6 m/s左右的偏南风或偏东风,雾持续过程中风力逐渐减弱。

(3)近地层水汽演变特征及雾层厚度差异大。华北地形槽和弱高压场形势下,雾出现前,仅近地层水汽显著增加,120 m以上层的湿度昼夜变化不显著,雾厚分别为80 m和60 m左右;而地面倒槽和高空槽气压场形势下,低空各层水汽显著增长,且各层水汽增速昼夜持续均匀,雾中呈现出逆湿特征,该现象距起雾时间提前至少约15小时,雾层厚于250 m。

第 4 章

雾过程湍流统计及输送特征

　　莫宁-奥布霍夫相似性理论是在定常、水平均一、无辐射和无相变理想条件下得到的,实际大气中难以满足以上条件,众多科学研究者开展了不同地区不同下垫面条件的湍流特征研究,城区下垫面条件下相似性理论适用性检验也日益受到关注。大气边界层相似性理论适用性的验证和完善,促进和拓展了经典相似理论在复杂下垫面和稳定层结条件下的应用。为克服单点观测的局限性和获得更为精确的实验资料,众多科研人员通过探求相关资料的可用性以及改进直接观测的实验方法,为大气湍流特征的认识提供了更多的渠道。

　　雾是近地层的天气现象,地球表面存在大量不均一性,导致常见的局地雾或碎片雾,产生在这种不均一地球表面上的辐射雾是非常难预报的。由于模式计算依赖于湍流和辐射过程的参数化方案,使得模拟结果存在一定的不确定性。雾的生消主要由动力过程支配,如:平流雾和地形雾,则数值模拟的准确率较高;如果雾的发生发展主要是大气辐射、湍流等与地球表面和空气的直接相互作用所控制,则数值模拟可能变为一项极困难的任务。迄今为止,湍流对雾生消发展作用的讨论中较多地借助于实验分析这一途径,但由于受下垫面、仪器精度等条件的限制,雾过程的外场试验和快速响应资料质量控制难度较大,针对雾过程的连续、精细的湍流观测较少,目前雾过程中湍流特征的研究工作还很少开展。雾天气多生成于稳定或近中性层结条件下,且存在水汽相变,莫宁-奥布霍夫相似性理论是否可拓展至此类天气下应用,相关的研究较少。本章重点分析雾过程中温度、湿度、风速及水、热通量的大气湍流统计特征,讨论莫宁-奥布霍夫相似性理论在天津城区秋冬雾天气中的适用性。资料来源于 4 次雾天气过程,依据雾天气云、能、天背景以及前期是否有明显的暖湿平流,分为平流雾和辐射雾天气过程,平流雾个例时间出现在 2006 年 2 月、2007 年 10 月、2010 年 10 月,辐射雾个例时间为 2007 年 10 月。

4.1　不同性质雾过程的湍流特征

4.1.1　平流雾过程的湍流特征

　　莫宁-奥布霍夫相似性理论认为:近地层风速归一化标准差是大气稳定度参数(z/L)的函数,在近中性条件下三方向风速归一化标准差(横向 σ_u/u_*、纵向 σ_v/u_*、垂直方向 σ_w/u_*)均趋于常数。研究结果表明,不同类型下垫面,该常数值存在一定差异(Roth et al.,1993)。图 4.1 给出浓雾天气过程中,三方向风速分量的归一化标准差与稳定度参数(z/L)的变化关系。为分辨雾与非雾期间湍流结构的差异,本节只将雾过程分为雾前、雾中和雾后 3 个阶段讨论。由

图 4.1 可见，$z/L<0$ 时，雾过程中的 z/L 值在 $-2\sim0$ 范围内；雾形成前，则集中在 $-0.2\sim0$ 这个较窄的范围内；雾持续期间，在 $0\sim-2$ 范围内变化；雾消散后，集中在 $-0.2\sim-0.02$，相对于雾形成前，稳定度参数取值范围更窄。雾天气过程中，雾形成前和雾消散后存在的不稳定层结趋近于中性，而雾持续期间的不稳定层结趋向于近中性至弱不稳定。在中性至弱不稳定层结条件下，风速归一化标准差($\sigma_{u,v,w}/u_*$)与稳定度参数(z/L)的关系均满足 1/3 幂次特征，拟合公式如下：

$$\sigma_u/u_* = 2.2(1-0.22z/L)^{1/3} \qquad (4.1)$$
$$\sigma_v/u_* = 1.7(1-1.26z/L)^{1/3} \qquad (4.2)$$
$$\sigma_w/u_* = 1.1(1-1.33z/L)^{1/3} \qquad (4.3)$$

公式(4.1)至公式(4.3)结果与已有的研究结论相近(Roth,1993)，系数存在一定差异，说明平流雾天气过程中尽管各向同性假设不完全满足，但不稳定层结条件下，莫宁-奥布霍夫相似性理论仍然近似可以使用。图 4.1 左侧图代表不稳定条件下，图 4.1 右侧图代表稳定层结条件下。成雾前，水平纵向风速归一化标准差大于雾中和雾后阶段，而雾持续中的水平横向风速没有明显差异，表明平流雾形成前扰动动能大于其他时段。雾持续中，垂直方向风速归一化标准差低于雾形成前，表明平流雾形成前地气之间的能量交换大于雾形成后。由图 4.1 还可以看到，雾过程中，近中性条件下的各方向风速归一化标准差趋于常值，三个方向数值分别为 2.2、1.7 和 1.1。

相对不稳定条件，在稳定条件下的莫宁-奥布霍夫相似性理论的适用条件不易满足，但在弱稳定条件下一致认为 $\sigma_{u,v,w}/u_*$ 值接近常数。对于弱稳定区的界定，不同研究者的取值存在差异。如 Derbyshire(1990)、Malhi(1995)取 $0<z/L<0.06$；周明煜等(2005)取 $0<z/L<0.1$。由图 4.1 可见，当 $z/L>0$ 时，z/L 值集中在 $0\sim2$ 范围内，其中，雾维持期间 z/L 值在 $0.02\sim2$ 较宽范围内变化；雾消散后，z/L 值集中在 $0.007\sim2$ 的较窄范围内。雾过程中，当 $0.0<z/L<0.1$ 时，各方向风速的归一化标准差随稳定度参数变化保持不变，与周明煜等(2005)的实验结论一致。浓雾生消阶段，$\sigma_{u,v,w}/u_*$ 随 z/L 增大而增大，类似于已有的结果。

以上分析表明天津城区下垫面动力输送基本符合莫宁-奥布霍夫相似性理论，而热量输送既受局地热力差异影响，还受整个边界层结构的影响，而 z/L 只是表征近地层层结稳定程度的指标。Hill 等(1992)指出，如果莫宁-奥布霍夫相似性理论具有普适性，则各种标量的相似性函数应具有相同的形式。根据近地层湍流相似性理论，在不稳定层结状态下，温度归一化标准差(σ_θ/T_*)与大气稳定度参数(z/L)应满足一定的相似性关系，De Bruin 等(1993)认为，晴朗干燥的平原下垫面上温度的均一化标准差随 z/L 的变化满足莫宁-奥布霍夫相似性理论框架；Roth(1993)认为，城市下垫面下 σ_θ/T_* 满足 z/L 的 -1/3 幂次律关系。Tillman(1972)和 De Bruin 等(1993)给出不稳定条件下温度归一化标准差与稳定度参数(z/L)呈 -1/3 幂次关系，其公式为 $\frac{\sigma_\theta}{T_*}=C_1(C_2-z/L)^{-1/3}$。其中，常数 $C_1=0.95$，系数 C_2 由近中性层结下的系数 $C_3=C_1C_2^{-1/3}$ 决定，C_3 取值 $2.5\sim3.5$(郭晓峰 等,2006;Tillman,1972)，对应 C_2 取值为 $-0.02\sim-0.06$。Wyngaard 等(1971)给出近似自由对流条件下归一化标准差(σ_θ/T_*)随稳定度参数(z/L)的变化关系如下：

$$\sigma_\theta/T_* = C(-z/L)^{-1/3} \qquad (4.4)$$

尽管是在 $-z/L>1$ 的假设条件中推导的结论，但 Kansas 草原下垫面观测结果表明，在所

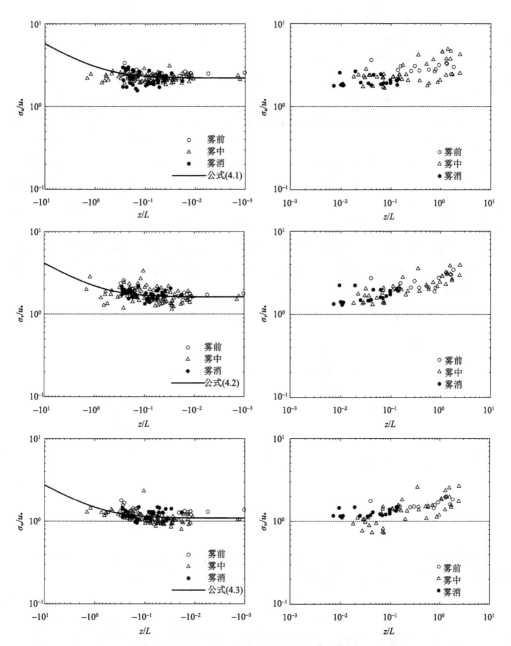

图 4.1　u、v、w 方向风速归一化标准差随稳定度参数(z/L)的变化
（左侧图为不稳定层结条件,右侧图为稳定层结条件,下同）

有不稳定层结范围内均吻合理论推导结果,Wyngaard 等(1971)给出 Kansas 草原下垫面条件下的常数值 $C=0.95$(称为 Wyngaard_1),作为对比,公式 Wyngaard_1 在下文将多处出现。

　　以上实验结果表明,近地层某种程度不稳定层结条件下,热量输送与 z/L 关系才符合相似性理论。至于热量输送方向,总体上,当近地层呈不稳定层结条件时($z/L<0$),热量向上输送,当近地层呈稳定层结条件时($z/L>0$),热量向下输送,但由于逆梯度热量输送的存在,热量输送方向并不完全遵循以上规律。因此,考察热量输送随近地层稳定度的统计规律时,往往只关注其数值大小,不考虑输送方向,本文考察天津城区下垫面热量输送统计特征时,给出的热量输送值和特征温度值均取其绝对值。图 4.2 给出雾过程温度归一化标准差(σ_θ/T_*)随稳定度参数(z/L)的变化。图中曲线表示 Kansas 草地下垫面层结不稳定条件下 σ_θ/T_* 随$-z/L$变化的拟合公式。不稳定层结条件下,σ_θ/T_* 随不稳定增强而减弱,且天津城区雾天气中,温度归一化标准差比美国草原下垫面下 σ_θ/T_* 值大,与其他城市下垫面的研究结果类似;当$-z/L>0.1$ 时,σ_θ/T_* 随不稳定度增强下降趋缓,σ_θ/T_* 在雾持续期间最大,雾消散后最小,$-z/L\leqslant0.1$ 时,σ_θ/T_* 值非常离散。稳定层结条件下,随 z/L 值增大,σ_θ/T_* 减小,当 $z/L>1$ 时,σ_θ/T_* 下降趋缓接近常数 2.5;$z/L<0.1$ 时,σ_θ/T_* 值随稳定度增大迅速减小,雾前与雾中的 σ_θ/T_* 值比雾后大。σ_θ/T_* 值在近中性时急速离散,并不似 kansas 草原下垫面聚合很好,这在很多观测试验中均有提及,Hogstrom(1988)和 Smedman 等(2007a)还发现,在弱不稳定近中性层结条件时,温度方差会出现剧烈的向下偏离。弱不稳定层结条件下控制温度方差变化的不再是局地边界层,而是整个边界层结构,大尺度的涡旋运动决定了热量传输,故莫宁-奥布霍夫相似性理论框架不能描述弱不稳定偏近中性层结条件下的温度脉动统计规律(Smedman et al.,2007a,b)。

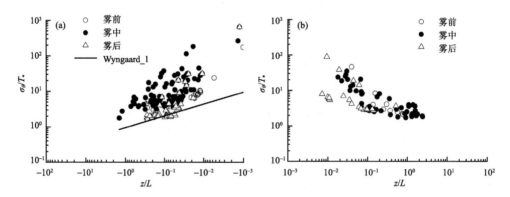

图 4.2 平流雾过程中温度归一化标准差随稳定度参数的变化,实线为公式(4.4)

(a)不稳定层结;(b)稳定层结

Wyngaard 等(1971)给出自由对流条件下,水平方向热能量($\overline{u'\theta'}$)和垂直方向热通理($\overline{w'\theta'}$)的比值($\overline{u'\theta'}/\overline{w'\theta'}$)随稳定度参数($z/L$)变化的理论推导公式如下:

$$\overline{u'\theta'}/\overline{w'\theta'}=-\alpha\varphi_m\varphi_h \tag{4.5}$$

式中,$\varphi_m=(1-15z/L)^{-1/4}$,$\varphi_h=0.74(1-9z/L)^{-1/2}$。下文将公式(4.5)称为 Wyngaard_2,该公式为 Kansas 草原湍流观测结果,多处将用 Wyngaard_2 作为对比。同温度均一化标准差相似性一样,Kansas 草原湍流观测结果也在所有不稳定层结范围内吻合理论推导结果,并拟合出草原下垫面常值 $\alpha=5$。

雾生消前后,水平和垂直方向热通量的比值 $\overline{u'\theta'}/\overline{w'\theta'}$ 随稳定度参数(z/L)的变化如图 4.3 所示。图中实线是 Kansas 草原 $\overline{u'\theta'}/\overline{w'\theta'}$ 随稳定度参数(z/L)变化的拟合结果。雾生消过程中,随层结不稳定度增大,热量水平输送相对于垂直输送迅速趋于 0,当$-z/L\geqslant0.2$ 时,$\overline{u'\theta'}/\overline{w'\theta'}$ 值离散小,与草原下垫面拟合实线 Wyngaard_2 接近;$0.01\leqslant-z/L<0.2$ 时,雾前和雾后的 $\overline{u'\theta'}/\overline{w'\theta'}$ 值离散小,与草原下垫面拟合实线 Wyngaard_2 接近,而在相同稳定度区间内,雾中的 $\overline{u'\theta'}/\overline{w'\theta'}$ 值远大于草原下垫面拟合值;当$-z/L<0.01$ 时,雾中与雾后时段 $\overline{u'\theta'}/\overline{w'\theta'}$ 值均

远大于草原下垫面拟合值。稳定层结条件下,$z/L<0.2$ 时,$\overline{u'\theta'}/\overline{w'\theta'}$ 比值随稳定度增大而迅速减小;$4>z/L>0.2$ 时,$\overline{u'\theta'}/\overline{w'\theta'}$ 值在常数 2.5 附近变化,与 Kansas 草原稳定层结下的观测结果相近。近中性层结条件下,雾前和雾消散后在偏不稳定层结条件下的样本数很少,偏稳定层结条件下样本数略多,离散现象显著;而雾持续期间,多数样本在弱不稳定区间可看到 $\overline{u'\theta'}/\overline{w'\theta'}$ 偏离很大,尤其是在近中性弱不稳定区间内时,雾中的 $\overline{u'\theta'}/\overline{w'\theta'}$ 值迅速增大。

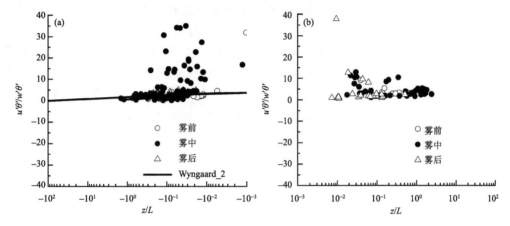

图 4.3　同图 4.2,但为水平和垂直感热输送之比值,实线为公式(4.5)
(a)不稳定层结;(b)稳定层结

综上,可以得到以下结论:

(1)平流雾过程中,大气主要呈弱不稳定层结,低层大气稳定度参数值主要集中在 $-1\sim-0.001$ 和 $0.01\sim2$ 范围内。雾形成前,则集中在 $0\sim-0.2$ 较窄范围内;雾持续期间,在 $0\sim-2$ 范围内变化;雾消散后,集中在 $-0.02\sim-0.2$。

(2)不稳定层结条件下的风速归一化标准差随稳定度参数的变化满足 1/3 幂次律,近中性条件下的各方向风速归一化标准差趋于常值,三个方向数值分别为 2.2、1.7 和 1.1。平流雾形成前,水平方向风速归一化标准差数大于雾中和雾后,雾中垂直方向风速归一化标准差没有明显数值差异。

(3)雾生消过程中,σ_θ/T_* 随大气稳定度参数的变化不符合 $-1/3$ 幂次关系。天津城区下垫面条件下,温度归一化标准差(σ_θ/T_*)比 Kansas 草原下垫面值大。σ_θ/T_* 随大气稳定度参数的绝对数值增强而减小。温度的涨落幅度以雾中最大,雾后最小。

(4)$\overline{u'\theta'}/\overline{w'\theta'}$ 值随稳定度参数绝对值增大而减小,不稳定层结时,在 $-z/L<0.2$ 区间,不符合 $-1/3$ 幂次关系。与 Kansas 草原下垫面拟合线接近的稳定度区间为:$-z/L\geqslant0.2$。$-z/L<0.2$ 时,雾中 $-\overline{u'\theta'}/\overline{w'\theta'}$ 值是 Kansas 草原的数倍。$4>z/L>0.1$ 时,$\overline{u'\theta'}/\overline{w'\theta'}$ 值在常数 2.5 附近变化,与 Kansas 草原稳定层结下的观测结果相近。

4.1.2　辐射雾过程的湍流特征

图 4.4 至图 4.6 分别给出辐射雾天气过程中,三个方向风速分量的归一化标准差(σ_u/u_*、σ_v/u_* 和 σ_w/u_*)与稳定度参数(z/L)的变化关系。由图中可见,不稳定层结条件下,雾生消过程中的 z/L 值主要在 $-0.01\sim-40$。白天,稳定度集中在 $-0.2\sim-40$;入夜后到雾形成前层结稳定;雾持续期间,稳定度主要在 $-1.5\sim-10$ 范围内变化;雾消散后,集中在 $-0.02\sim$

—20,相对于雾前一天,趋近于中性层结的时间稍多。与平流雾天气过程中不稳定层结趋近于中性相比,辐射雾持续期间的层结不稳定度更大。$\sigma_{u,v}/u_*$ 随稳定度参数(z/L)的变化不如垂直方向速度拟合度高,与前面及他人研究结论一样(Finnigan,2004)。说明垂直方向的湍流与热力作用更为密切,这主要是因为湍流更多是由热力因子引起的,水平方向的湍流则与热力作用不十分密切有关。赵鸣等(1991)曾经指出,水平方向的脉动主要由"大"的准水平湍流产生,往往"记忆"着上风方向的地形特点,会产生相对于地面应力来说较大的方差,是水平方向风速湍流标准化方差分布比垂直方向离散的主要原因之一。但是,水平风速均一化方差仍然能够拟合出莫宁-奥布霍夫相似的函数形式,说明相似关系对水平风脉动仍然具有一定的适用性。各方向速度归一化标准差与稳定度参数的函数关系在雾中、雾前和雾后没有明显差别,说明辐射雾前后风速的影响并不显著。近中性层结条件下,三个方向风速归一化标准差趋于常值,数值分别为 2.6、1.8 和 1.2。不稳定层结条件下,风速归一化标准差($\sigma_{u,v,w}/u_*$)随稳定度参数(z/L)的变化拟合形式如下:

$$\frac{\sigma_u}{u_*}=2.6(1-0.17z/L)^{1/3} \tag{4.6}$$

$$\frac{\sigma_v}{u_*}=1.8(1-0.23z/L)^{1/3} \tag{4.7}$$

$$\frac{\sigma_w}{u_*}=1.2(1-1.18z/L)^{1/3} \tag{4.8}$$

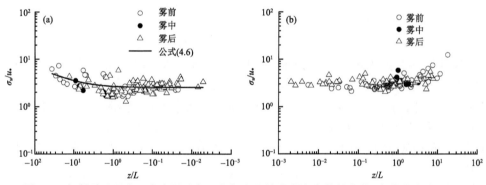

图 4.4 辐射雾过程中 u 方向风速归一化标准差随稳定度参数的变化,实线为公式(4.6)
(a)不稳定层结;(b)稳定层结

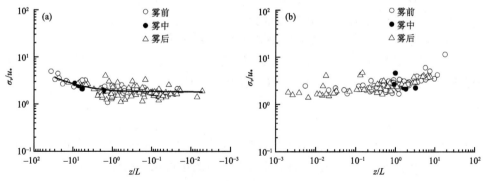

图 4.5 同图 4.4,但为 v 方向,实线为公式(4.7)
(a)不稳定层结;(b)稳定层结

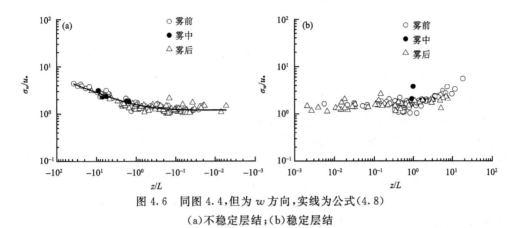

图 4.6　同图 4.4,但为 w 方向,实线为公式(4.8)
(a)不稳定层结;(b)稳定层结

辐射雾中,离散样本数较平流雾过程中少很多,在不考虑雾后离散样本的情况下,得到了类似上式的幂次关系,公式如下:

$$\frac{\sigma_\theta}{T_*}=1.6\,(-z/L)^{-1/3} \tag{4.9}$$

图 4.7 同时将 Wyngaard_1 绘出以作对比。雾前,稳定度参数多小于 -0.1,远离中性层结,样本聚合度较好。雾中,持续时间短,集中在较强不稳定区间,样本值很好地分布在拟合曲线两侧。雾后,在弱不稳定层结条件下样本值离散较大,但仍然呈现出明显的幂指数降率倾向。稳定度参数大于 -1 时,雾前的温度归一化标准差略小于雾后;稳定度参数小于 -1 时,雾前的温度归一化标准差略大于雾后;而雾中的温度归一化标准差比雾前或雾后相应稳定度下的温度涨落高。从温度涨落幅度出现的时段看,辐射雾形成前约 15 h,温度涨落幅度开始减弱,雾消散后,温度涨落幅度增大。从图 4.7 中可以看到,雾过程温度归一化标准差与稳定度参数的拟合公式满足幂指数关系,偏高于平坦草地干燥条件下的所有拟合值,表明天津地区雾过程中温度归一化标准差比同样稳定度条件下 Kansas 草原(公式 Wyngaard_1)下垫面下的值大。

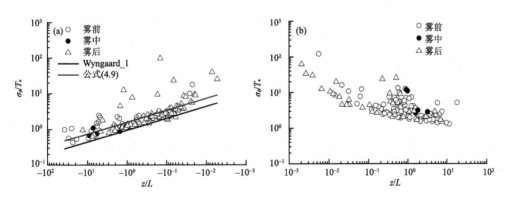

图 4.7　同图 4.4 但为温度归一化标准差,粗/细实线分别为公式(4.4)和公式(4.9)
(a)不稳定层结;(b)稳定层结

稳定层结条件下,随 z/L 增大,σ_θ/T_* 呈明显减小的趋势,当 $z/L \geqslant 1$ 后,下降速度趋缓。辐射雾中不稳定参数范围更宽,$-z/L \geqslant 1$ 时,随层结稳定度趋强 σ_θ/T_* 下降速度趋缓,而上述平流雾过程中表现的随层结稳定度趋强 σ_θ/T_* 趋于常数,主要与其稳定度参数区域较窄有关。

稳定度参数 $\left|\dfrac{z}{L}\right|<0.01$ 时，σ_θ/T_* 迅速增大。

$\overline{u'\theta'}/\overline{w'\theta'}$ 与稳定度参数的关系见图 4.8，总体变化趋势与平流雾过程中一样，即：不稳定层结条件下，其绝对值随不稳定度增强呈幂指数减弱，即层结越不稳定，热量水平输送相对于垂直输送越弱，稳定层结下，随稳定度增强而略有减弱。$-z/L>1$ 时，$\overline{u'\theta'}/\overline{w'\theta'}$ 迅速趋于 0，与公式(4.5)比较，样本值较少出现离散，量值也只是略偏大于 Kansas 草原下垫面；$-z/L\leqslant1$时，雾过程中 $\overline{u'\theta'}/\overline{w'\theta'}$ 值明显偏离草原下垫面，尤以雾后时段样本值偏离显著。稳定层结条件下，$\overline{u'\theta'}/\overline{w'\theta'}$ 值主要在常数 2.5 附近变化，在 $0<z/L<10$ 时，无论在雾前、雾中或雾后，偏离 Kansas 草原湍流观测结果均值现象均很普遍，与平流雾天气过程类似。

与平流雾过程相比，辐射雾中可能是样本数较少的缘故，在 $-z/L<1$ 时，温度均一化标准差没有表现出在雾生消发展不同阶段的区别。

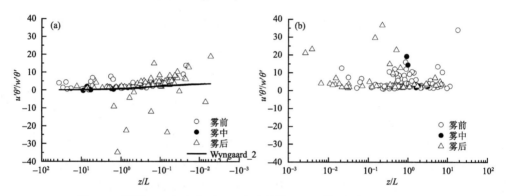

图 4.8　同图 4.4，但为水平和垂直感热输送之比值，实线为公式(4.5)
(a)不稳定层结；(b)稳定层结

对于湿度均一化标准差(σ_q/q_*)是否适用于莫宁-奥布霍夫相似性理论仍有争论。Roth(1993)认为，城市下垫面条件下 σ_q/q_* 随 z/L 的变化不满足经典的相似理论。De Bruin 等(1993)也认为，晴朗干燥的平原下垫面上，湿度的均一化标准差随 z/L 的变化不能用相似理论来描述。张宏昇等(2004)认为，干燥和较湿润条件下戈壁、草原和郊区下垫面条件下，湿度脉动统计规律与稳定度参数(z/L)的变化均满足 $-1/3$ 幂次律。Hogstrom 等(1974)认为，农业用地下垫面在自由对流条件下 σ_q/q_* 随 z/L 的变化满足 $-1/3$ 幂次律，并给出归一化标准差(σ_q/q_*)随稳定度参数(z/L)的变化式如下：

$$\sigma_q/\left|q_*\right|=1.04(-z/L)^{-1/3} \tag{4.10}$$

后文将公式(4.10)称为 Hogstrom 方程。辐射雾过程中，不稳定层结条件下如果不考虑 $-z/L<0.1$ 时的离散点，可得到拟合关系：

$$\frac{\sigma_q}{\left|q_*\right|}=1.9(-z/L)^{-1/3} \tag{4.11}$$

从上两公式可见，与温度标量类似，湿度输送方向与近地层稳定度关系也很复杂，因此，公式(4.10)和公式(4.11)没有考虑湿度输送方向，湿度输送均取其绝对值，文字叙述中不再赘述。公式(4.11)与 Hogstrom(1974)给出的湿度归一化标准差随稳定度的拟合公式非常接近，拟合出的幂指数均为 $-1/3$，只是斜率比 Hogstrom 等(1974)给出的大(图 4.9)，说明天津城区雾过程前后，湿度归一化标准差随稳定度参数的变化强于乡村下垫面。辐射雾形成前，水汽涨落幅度开始增大,雾消散后水汽涨落幅度减弱。雾前后水汽的涨落恰好与温度涨落成"跷跷板"现象,雾前 15 h 开始,水汽涨落幅度增大而温度涨落幅度减小;雾消散后,水汽涨落幅度减小而温度涨落幅度增大。在稳定层结条件下,层结越稳定,离散越明显。$0 < z/L \leqslant 1$ 时,σ_q/q_* 大致在常值 2.5 附近变化,与 Andreas 等(1998)给出的 σ_q/q_* 在稳定层结下的常数值相近;$z/L > 1$ 时,样本值离散显著。

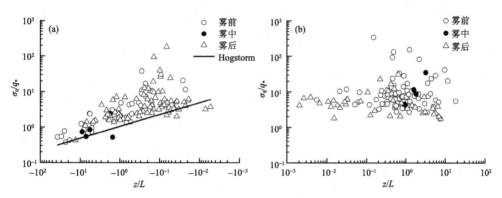

图 4.9　同图 4.4,但为湿度归一化标准差,实线为公式(4.10)
(a)不稳定层结;(b)稳定层结

雾生消前后,水平和垂直方向热通量的比值($\overline{u'q'}/\overline{w'q'}$)随稳定度参数($z/L$)的变化如图 4.10 所示,图中黑实线是不稳定层结条件下 $\overline{u'q'}/\overline{w'q'}$ 随 z/L 变化的拟合结果,其拟合公式为:

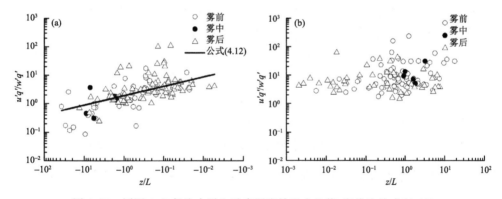

图 4.10　同图 4.4,但为水平和垂直湿度输送之比值,实线为公式(4.12)
(a)不稳定层结;(b)稳定层结

$$\left| \frac{\overline{u'q'}}{\overline{w'q'}} \right| = 1.92(-z/L)^{-1/3} \tag{4.12}$$

雾生消过程中,不稳定层结下 $\overline{u'q'}/\overline{w'q'}$ 随 $-z/L$ 增大而减小,即层结越不稳定,水汽水平输送相对于垂直输送越弱;从水平与垂直湿度涨落幅度出现的时段看,辐射雾形成前约 15 h,水平水汽输送幅度相对开始增大,雾消散后,水平水汽输送幅度相对开始减小,与温度均一化标准差及水平与垂直热量相对输送比在雾前后的变化趋势正好相反。

稳定层结条件下,$0 < z/L \leqslant 1$ 时,$\overline{u'q'}/\overline{w'q'}$ 值在常数 2.5 附近变化,与湿度归一化标准差随稳定度变化的特征较为接近,而在 $z/L > 1$ 时,$\overline{u'q'}/\overline{w'q'}$ 振幅显著增大,平均值约为 10。

总结上述分析可知,从平流雾和辐射雾过程雾前、雾中和雾后的风、温、湿度及其通量均一化标准差随 z/L 的变化来看:稳定层结条件下,σ_θ/T_*、$\overline{u'\theta'}/\overline{w'\theta'}$ 随稳定度增大而减小,在 $z/L>1$ 时趋向收敛于 2.5;σ_q/q_*、$\overline{u'q'}/\overline{w'q'}$ 随稳定度增大而增大,在 $z/L<0.1$ 时趋向收敛于 2.5;不稳定层结下对莫宁-奥布霍夫相似性理论的适用性体现出如下特征:

(1)平流雾形成前和雾消散后,不稳定层结下:在 $-z/L>1$ 时,σ_θ/T_*、$\overline{u'\theta'}/\overline{w'\theta'}$、$\overline{u'q'}/\overline{w'q'}$ 等随稳定度参数(z/L)的变化大致符合 $-1/3$ 幂次律;在 $1\geqslant-z/L>0.1$ 时,样本值离散开始增大,偏离 $-1/3$ 幂次曲线;$-z/L\leqslant0.1$ 时,严重偏离 $-1/3$ 幂次曲线,不符合莫宁-奥布霍夫相似性理论框架;雾中,$-z/L<1$ 时,σ_θ/T_*、σ_q/q_* 随稳定度参数(z/L)的变化不能用莫宁-奥布霍夫相似性理论框架描述;$\overline{u'\theta'}/\overline{w'\theta'}$、$\overline{u'q'}/\overline{w'q'}$ 随 z/L 的变化在 2010 年 10 月 24 日雾过程中符合 $-1/3$ 幂次律,在其他两次雾过程中不符合,因样本量有限,是否存在普遍规律,还有待于验证。

(2)辐射雾维持时间短,$-z/L>0.1$ 时,σ_θ/T_*、$\overline{u'\theta'}/\overline{w'\theta'}$、$\overline{u'q'}/\overline{w'q'}$ 与稳定度参数(z/L)的关系大致满足 $-1/3$ 幂次律。$-z/L\leqslant0.1$ 时,σ_θ/T_*、σ_q/q_*、$\overline{u'\theta'}/\overline{w'\theta'}$、$\overline{u'q'}/\overline{w'q'}$ 严重偏离 $-1/3$ 幂次曲线,不符合莫宁-奥布霍夫相似性理论框架。

不同学者评估温、湿度方差涨落对 MOST 框架的适用性得到的结论不同。Wyngaard 等 (1971)推导出自由对流条件下 σ_θ/T_*、$\overline{u'\theta'}/\overline{w'\theta'}$ 随稳定度参数变化满足 $-1/3$ 幂次律,用 Kansas 资料验证时发现近中性不稳定层结下也满足理论关系式,σ_θ/T_*、$\overline{u'\theta'}/\overline{w'\theta'}$ 虽说可以用莫宁-奥布霍夫相似性理论描述,而认为 σ_q/q_* 不适用于莫宁-奥布霍夫相似性理论框架。Hogstrom 等(1974)认为,乡村地上 σ_q/q_* 随稳定度参数变化基本满足 $-1/3$ 幂次律,但样本值离散大,尤其是在弱不稳定层结条件下。De Bruin 等(1993)得到不稳定层结条件下 σ_θ/T_* 随稳定度参数变化满足 $-1/3$ 幂次律。Andreas 等(1998)得到片状菜地下垫面在不稳定层结条件下 σ_θ/T_*、σ_q/q_* 随稳定度参数变化遵循莫宁-奥布霍夫相似性理论框架,但从文献资料看,σ_θ/T_* 离散较大,尤其在 $-z/L<0.1$ 时,样本离散较大,而 σ_q/q_* 随稳定度参数变化分布在拟合线附近,比 σ_θ/T_* 离散小很多。Foken(2006)验证了其他下垫面在自由对流条件下 σ_θ/T_* 随稳定度参数变化遵循莫宁-奥布霍夫相似性理论框架。Hogstrom(1938)近年来的研究认为,不稳定层结条件下 σ_θ/T_* 随稳定度参数变化满足 $-1/2$ 幂次关系,给出的 $-1/2$ 关系式为 $\frac{\sigma_\theta}{T_*}=0.95(1-11.6z/L)^{-1/2}$,并说明此式只在 $-z/L>0.1$ 时适用,$-z/L\leqslant0.1$ 时无论在海面或是在陆面,感热和潜热均存在许多样本值严重偏离莫宁-奥布霍夫相似性理论模型,以前认为是仪器误差导致的,实际是在近中性层结下不再是地气交换影响热量交换,而是大尺度的传输过程导致了热量扩散增强。

上述 4 次雾过程中,σ_θ/T_*、σ_q/q_*、$\overline{u'\theta'}/\overline{w'\theta'}$、$\overline{u'q'}/\overline{w'q'}$ 随稳定度变化的总体趋势与多人的研究结果相似,但雾前、雾后与雾中,σ_θ/T_*、σ_q/q_* 随稳定度变化规律并不都符合莫宁-奥布霍夫相似性理论框架,而且即便雾前或雾后期间符合,也仅在自由对流条件下,稳定度过渡区域内($0.1\leqslant-z/L\leqslant1$)存在较多离散点,每次雾过程在过渡区域吻合的情况也不完全相同。平流雾与辐射雾中,温、湿度涨落对莫宁-奥布霍夫相似性理论的适用性表现出差异,对应的区间主要为 $0.1\leqslant-z/L\leqslant1$。

4.2　不同湿度条件下雾过程的湍流特征

考虑到雾中、雾前和雾后的差异主要体现为大气饱和度不同。其中雾前或雾后时段为非饱和大气,但如果增湿或降湿迅速,相对湿度的差异是非常明显的,雾中大气一般为饱和或近饱和。根据雾中温、湿度方差不满足莫宁-奥布霍夫相似性理论框架,而雾前或雾后散点较多的观测事实可以推测:不同的大气饱和度条件下,温度、湿度涨落对莫宁-奥布霍夫相似性理论框架的适用性存在差异。为了证明此猜测,以下分别采用低湿天气、中等湿度天气和高湿天气资料做对比研究。

对比用资料从 2010 年 10—12 月中选取。分三种湿度条件讨论,即:低湿天气,指相对湿度小于 50%;中等湿度天气,指相对湿度大于 50% 而小于 80%;高湿天气,指相对湿度大于80%。低湿和中等湿度条件的稳定层结资料从夜间时段选取,不稳定层结资料从白天日出后和日落前的资料中选取;高湿天气的稳定和不稳定层结资料直接来源于上述 4 次雾过程。

4.2.1　低湿条件

低湿天气在秋冬季出现较多,不稳定层结条件的资料来源比较丰富,除了前文提到的剔除条件外,另外满足以下条件:天气晴朗、风速 3～6 m/s,白天 09—16 时,且期间最大相对湿度小于 50%。筛选后的资料集中在 10 月 25 日、27 日,11 月 9 日、27 日、28 日和 12 月 9 日,共计157 组不稳定层结资料,相对湿度一般在 40% 以下,给出此条件下 σ_θ/T_*、σ_q/q_*、$\overline{u'\theta'}/\overline{w'\theta'}$、$\overline{u'q'}/\overline{w'q'}$ 随稳定度参数(z/L)的变化(图 4.11 至图 4.14 中的图 a)。

低湿天气的夜间时段选取稳定层结条件下的对比资料组,除需要满足严格的剔除条件外,如:天气晴朗、夜间 19 时至次日 05 时 30 分、夜间最大相对湿度小于 70%,共计选取了 140 组样本,给出此条件下 σ_θ/T_*、$\overline{u'\theta'}/\overline{w'\theta'}$、$\sigma_q/q_*$、$\overline{u'q'}/\overline{w'q'}$ 随稳定度参数(z/L)的变化作为对比(图 4.11 至图 4.14 中的图 b)。

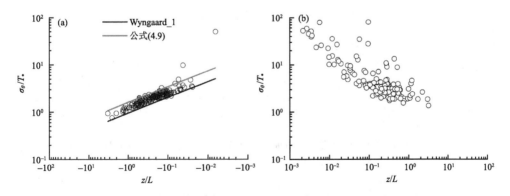

图 4.11　低湿天气下温度归一化标准差随稳定度参数的变化,粗/细实线分别为公式(4.4)和公式(4.9)
(a)不稳定层结;(b)稳定层结

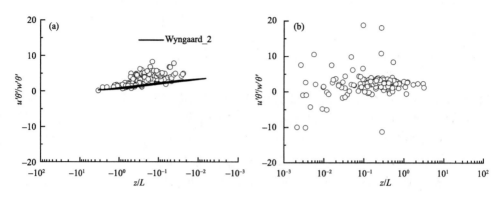

图 4.12 同图 4.11,但为水平和垂直感热输送之比值,实线为公式(4.5)
(a)不稳定层结;(b)稳定层结

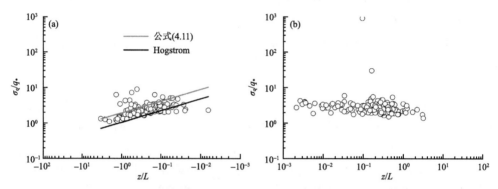

图 4.13 同图 4.11,但为湿度归一化标准差,粗/细实线为公式(4.10)和公式(4.11)
(a)不稳定层结;(b)稳定层结

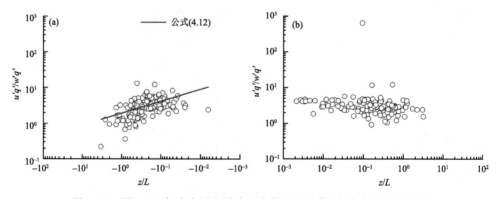

图 4.14 图 4.11,但为水平和垂直湿度输送之比值,实线为公式(4.12)
(a)不稳定层结;(b)稳定层结

由图 4.11 至图 4.14 中可看到,低湿天气在不稳定层结条件下,$-z/L \geqslant 0.02$ 区间内,σ_θ/T_*、σ_q/q_*、$\overline{u'\theta'}/\overline{w'\theta'}$ 随稳定度参数的变化与 $-1/3$ 幂次律趋势相一致,只是各变量比 Kansas 草原下垫面条件下略偏大,比辐射雾中偏小;$\overline{u'\theta'}/\overline{w'\theta'}$ 在 $-z/L < 1$ 区间,σ_θ/T_* 在 $-z/L < 0.02$ 区间快速偏离 $-1/3$ 幂次律,σ_q/q_*、$\overline{u'q'}/\overline{w'q'}$ 在 $-z/L < 0.02$ 区间趋近于常数 2。稳定层结条件下,$\sigma_\theta/$

T_*、σ_θ/T_* 随稳定度增强而大幅减小，$z/L \geqslant 1$ 时，趋于常数 2.5；σ_q/q_*、$\overline{u'q'}/\overline{w'q'}$ 随稳定度增强而略有下降，$0 < z/L \leqslant 4$ 区间，基本在常值 2.5 附近，其中 $z/L \geqslant 0.1$ 后，离散样本略有增多。

4.2.2　中等湿度条件

中等湿度天气资料的选取，除了前文提到的剔除条件外，另外满足以下条件：天气晴、白天（09—16 时）且期间相对湿度大于 50% 而小于 80%，共计选取了 118 组资料。筛选后的资料集中在 10 月和 11 月，逐日最大相对湿度一般为 65% 左右，极大相对湿度为 73%。中等湿度条件下，σ_θ/T_*、$\overline{u'\theta'}/\overline{w'\theta'}$、$\sigma_q/q_*$、$\overline{u'q'}/\overline{w'q'}$ 随稳定度参数（z/L）的变化见图 4.15 至图 4.18 中的图 a（不稳定和中性层结）和图 4.15 至图 4.18 中的图 b（稳定层结）。

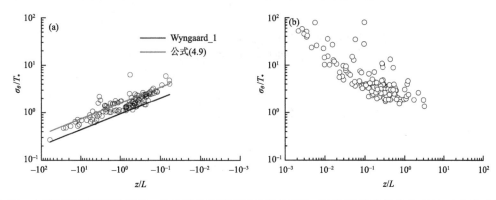

图 4.15　中等湿度天气下温度归一化标准差随稳定度参数的变化，粗/细实线分别为公式(4.4)和公式(4.9)
(a)不稳定层结；(b)稳定层结

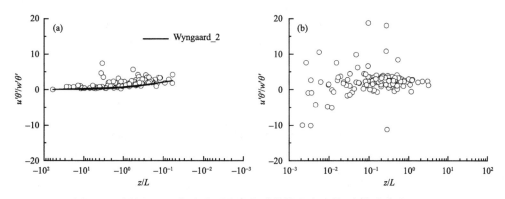

图 4.16　同图 4.15，但为水平和垂直感热输送之比值，实线为公式(4.5)
(a)不稳定层结；(b)稳定层结

中等湿度天气中，σ_θ/T_* 在 $-z/L > 0.04$ 时、$\overline{u'\theta'}/\overline{w'\theta'}$ 在 $-z/L > 1$ 时、σ_q/q_* 在 $-z/L > 2$ 时与 Kansas 草原下垫面趋势一致，其值大于 Kansas 草原而小于辐射雾过程；在弱不稳定区间，σ_θ/T_*、σ_q/q_*、$\overline{u'\theta'}/\overline{w'\theta'}$ 偏离经典相似理论。与低湿条件相比，σ_q/q_* 符合经典相似理论的稳定度区域更加偏向不稳定一侧，在弱不稳定区间，样本值偏离更加显著。$\overline{u'q'}/\overline{w'q'}$ 尽管分布在 $-1/3$ 幂次线两旁，但样本离散度比低湿条件下显著增大。可见，中等湿度条件下，即便在自由对流区域，σ_q/q_*、$\overline{u'q'}/\overline{w'q'}$ 也难以用莫宁-奥布霍夫相似性理论来描述。

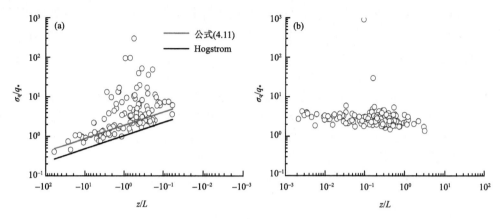

图 4.17　同图 4.15,但为湿度归一化标准差,粗/细实线分别为公式(4.10)和公式(4.11)

(a)不稳定层结;(b)稳定层结

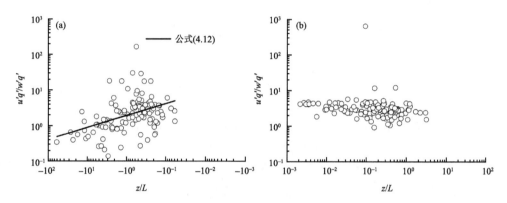

图 4.18　同图 4.15,但为水平和垂直湿度输送之比值,实线为公式(4.12)

(a)不稳定层结;(b)稳定层结

4.2.3　高湿条件

综合以上 4 次雾过程中相对湿度大于 80% 的样本资料,统计不稳定层结(图 4.19 至图 4.22 中的图 a)和稳定层结(图 4.19 至图 4.22 中的图 b)下,σ_θ/T_*、$\overline{u'\theta'}/\overline{w'\theta'}$、$\sigma_q/q_*$、$\overline{u'q'}/\overline{w'q'}$ 随稳定度参数(z/L)的变化。

从图 4.19 可以看到,不稳定层结条件下,高湿天气中 σ_θ/T_* 系统性大于 Kansas 草原和辐射雾中得到的拟合值,其趋势符合 $-1/2$ 幂次律,拟合公式如下:

$$\sigma_\theta/T_* = -3.0(-z/L)^{-1/2} \qquad (4.13)$$

尽管以上公式的得出尚缺乏理论基础,但在 $-z/L \geqslant 0.01$ 时,比 $-1/3$ 幂次拟合更符合样本分布,与 Hogstrom(1988)的研究结果相近,且适用 $-1/2$ 幂次律的稳定度区域更宽。而在 $-z/L < 0.01$ 时,$-3/4$ 幂次律更加符合观测事实。稳定层结条件下高湿天气中 σ_θ/T_* 与低湿天气中分布类似,随稳定度增大而减小,在 $z/L \geqslant 1$ 时趋近于常数 2.5,高湿与低湿条件下样本离散度相近。

不稳定层结下,$\overline{u'\theta'}/\overline{w'\theta'}$ 在 $-z/L < 4$ 时开始显著离散,不适用于任何函数关系,σ_q/q_*、

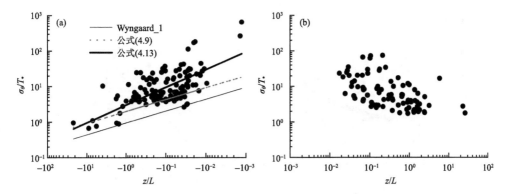

图 4.19　高湿天气下温度归一化标准差随稳定度参数的变化,粗/细实线分别为公式(4.13)和公
式(4.4),细点线为公式(4.9)
(a)不稳定层结;(b)稳定层结

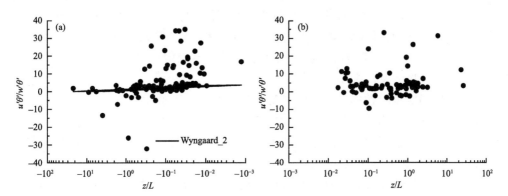

图 4.20　同图 4.19,但为水平和垂直感热输送之比值,实线为公式(4.5)
(a)不稳定层结;(b)稳定层结

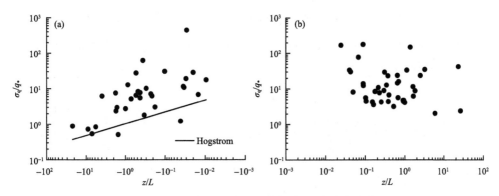

图 4.21　同图 4.19,但为湿度归一化标准差,实线为公式(4.10)
(a)不稳定层结;(b)稳定层结

$\overline{u'q'}/\overline{w'q'}$ 尽管分布在平流雾中拟合的 $-1/3$ 幂次关系周围,但样本离散较大。稳定层结条件
下,$\overline{u'\theta'}/\overline{w'\theta'}$、$\sigma_q/q_*$、$\overline{u'q'}/\overline{w'q'}$ 在 $0.02<-z/L<20$ 时比低湿天气中离散显著,$\overline{u'\theta'}/\overline{w'\theta'}$ 值大
多在 2.5 附近,σ_q/q_*、$\overline{u'q'}/\overline{w'q'}$ 值多数在 10 附近。

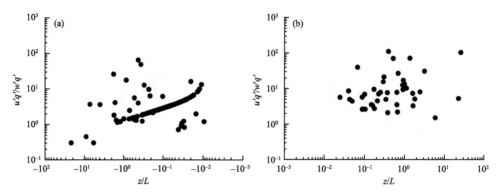

图 4.22　同图 4.19,但为水平和垂直湿度输送之比值
(a)不稳定层结;(b)稳定层结

总而言之,通过低湿、中等湿度与高湿天气下相似性规律适用性的对比检验可看到:σ_θ/T_*、$\overline{u'\theta'}/\overline{w'\theta'}$、$\sigma_q/q_*$、$\overline{u'q'}/\overline{w'q'}$ 随 z/L 的变化在不同湿度下总体趋势相同,不稳定层结条件下,均随不稳定度增大而减小,随湿度增大,适用于用 $-1/3$ 幂次律描述的区间偏向于较强不稳定层结;稳定层结条件下,随湿度增大,离散增强。不稳定层结下,对莫宁-奥布霍夫相似性理论适用性的检验结果具体如下:

(1)σ_θ/T_* 随稳定度参数的变化在低湿到中等湿度条件下适用莫宁-奥布霍夫相似性理论的区间为 $-z/L>0.02$;高湿天气中,适合用 $-1/2$ 幂次律来描述。

(2)$\overline{u'\theta'}/\overline{w'\theta'}$ 随稳定度参数的变化在低湿到中等湿度条件下适用莫宁-奥布霍夫相似性理论的区间为 $-z/L>1$;高湿天气中,为 $-z/L>4$ 区间。

(3)σ_q/q_* 适用莫宁-奥布霍夫相似性理论的区间在低湿下为 $-z/L>0.02$,中等湿度下为 $-z/L>2$,高湿天气中,不适用莫宁-奥布霍夫相似性理论描述。

(4)$\overline{u'q'}/\overline{w'q'}$ 适用莫宁-奥布霍夫相似性理论的区间在低湿下为 $-z/L>0.02$,中等湿度到高湿条件不适用莫宁-奥布霍夫相似性理论框架。

稳定层结中,σ_θ/T_* 在不同湿度条件下均随稳定度增大而减小,离散较明显,但 $z/L>1$ 时,趋于常值 2.5;而 $\overline{u'\theta'}/\overline{w'\theta'}$、$\sigma_q/q_*$、$\overline{u'q'}/\overline{w'q'}$ 在稳定层结下离散度随空气湿度增大而增大,高湿下样本离散明显。

4.3　雾过程中湍流能谱与输送特征

4.3.1　雾日湍流能谱特征

大涡含能区位于湍流能谱密度曲线低频区间,小涡耗散区位于其高频区间,雾过程中能谱密度的分布和变化应具有特殊性。选取 2006 年 2 月 12 日夜间至 14 日雾过程中代表雾生消发展 5 个时次的湍流观测资料,即:2 月 13 日 02 时代表雾形成前西南气流较强的平流时段,2 月 13 日 10 时代表雾生成到发展时段,2 月 13 日 18 时代表雾成熟时段,2 月 14 日 02 时代表雾顶降低进入减弱时段,2 月 14 日 10 时代表雾消亡后时段。

图 4.23a～c 分别给出雾过程 5 个代表时次水平纵向、水平横向和垂直方向风速的湍流能谱密度随频率的变化曲线。可见,水平纵向和垂直方向风速的能谱峰值范围比较宽阔、平缓,水平横向风速的湍流能谱峰值范围略显尖锐。雾前,风速三个分量的无因次峰值频率 $f=0.03～0.1$,对应涡旋直径平均为 $400～1000$ m。起雾后,频谱峰值频率趋向高频方向,$f=0.2$。13 日上午雾顶向上发展时,无因次频谱峰值频率已上升至 $f=0.3$,对应涡旋直径平均约为 150 m。13 日夜间雾层减薄后,频谱峰值频率降低,向低频端移动,与 Wobrock 等(1998)给出的一次平流雾期间水平方向风速湍流能谱密度峰值波长约为 1000 m,垂直方向湍流能谱峰值波长约为 400 m 相比,本次雾中的湍流能谱峰值对应的涡旋尺度小一些,与 Caughey 等(1982)给出的层积云上部含能涡区湍流能谱峰值对应的涡旋直径约为 300 m 相当。雾消散后,14 日 10 时的无因次峰值频率为 $f=0.1$。由雾过程中频谱密度峰值的变化可以看出,雾前西南平流较明显时段的峰值数值最大,雾维持期间的峰值频率数值最小,雾消散后的小风阶段,频谱密度峰值居中。浓雾期间,尽管频谱密度峰值和峰值频率差异不大,但雾初生阶段的低频能量仍显示在较低水平。

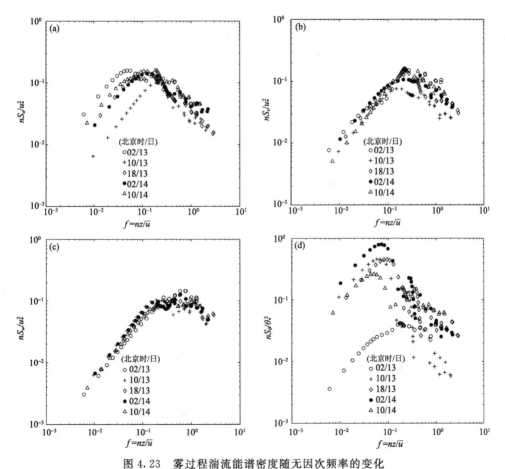

图 4.23　雾过程湍流能谱密度随无因次频率的变化
(a)水平纵向风速;(b)水平横向风速;(c)垂直方向风速;(d)温度

雾前平流阶段至雾消散期间,水平横向风速不同时间的频谱曲线基本重合,很难看出雾过程各阶段湍流频谱曲线的差别,频谱密度峰值频率 $f=0.2$。但从雾过程逐 4 h 的频谱曲线仍可以看出:水平横向风速与水平纵向风速频谱有相似的特点,即雾前西南风较大时,频谱密度峰值最大,雾维持阶段的频谱密度峰值最低。

雾过程中垂直方向风速的频谱密度曲线与横向风速类似,不同时间的频谱曲线几乎重合,进一步将分析时段加密到每隔 4 h,可以看到除雾初期的频谱密度略小外,其他时段的谱线也几乎重合在一起,但频谱峰值区域与水平纵向风速频谱相似,但略显平缓。

图 4.23d 给出了雾过程温度谱密度曲线。可见,雾持续期间,低值区到惯性区的过渡比较平缓。惯性区内不同时间的湍流频谱曲线的离散明显大于风速谱。雾前平流阶段温度谱密度峰值最低,雾持续期间温度谱密度峰值大于非雾阶段,其中雾消散阶段的谱密度峰值最高。

依据大气湍流频谱密度峰值频率(指湍流能谱密度峰值对应的无因次频率)将湍流谱密度曲线区分为含能涡区和惯性副区,代表该尺度涡旋的湍流能量最大。图 4.24 给出了 2006 年 2 月 12 日夜间至 14 日雾过程逐时湍流能谱峰值频率随时间的变化,表 4.1 给出了雾前、雾形成后、雾消散后 3 个阶段无因次峰值频率绝对误差均值。可见,2 月 12 日 22 时至 l4 日 15 时,能谱密度峰值频率存在 3 个明显的波动,即 2 月 12 日 22 时至 13 日 06 时能谱峰值频率由 0.1 波动上升到 0.7 左右。结合塔层风速和温度梯度,发现此时为雾前低空西南气流由强转弱期;13 日 07—15 时,雾向上空发展超过 250 m,归一化能谱密度峰值频率继续振荡增大到 1.8,该区间的塔层风向由西南转东南,且风速减小;13 日 16 时,高层逐渐转为西北风,近地层雾浓度加强,能见度更低。14 日 01 时后,雾顶逐渐降低到 250 m 以下,归一化能谱密度峰值较大;雾消散后,能谱密度峰值再次减小,向低频方向移动。

雾过程中,湍流水平纵向风速峰值频率随时间呈现不断的振荡变化。雾前(2 月 12 日)和雾消散后(2 月 14 日 10 时),能谱密度峰值频率偏向低频区,表明雾形成前及雾消散后的惯性副区维持在较低频率,大气运动以大尺度的涡旋运动为主。雾中,峰值频率偏向于高频端,尤其是 13 日中午至下午雾发展最强的时段,能谱密度峰值频率也达到最高,惯性副区显著偏向高频区。表明雾存在期间尤其在雾发展强盛阶段主要以较小尺度的涡旋运动为主。

水平横向风速能谱密度峰值频率与水平纵向风速能谱密度峰值频率的变化趋势一致,但水平横向风速能谱密度峰值频率总体大于水平纵向风速,峰值频率变化幅度在雾前显著大于水平纵向(表 4.1),说明雾前湍流能量在水平横向向高频输送比水平纵向方向显著。与水平纵向风速能谱对应的 3 个明显波动相比,雾前(2 月 12 日前半夜)和雾消散阶段(13 日夜间)的水平横向风速能谱密度峰值移动趋势相同,只是振幅略大于水平纵向风速方向,位相稍超前于纵向风速,即雾前西南气流侵入前和雾消散阶段,水平横向风速能谱密度峰值频率同样有从低频向高频移动的特点。雾发展时刻,水平横向风速能谱密度峰值对应的频率波动略小于水平纵向风速的能谱密度峰值频率波动,其原因可能是东南风转南风时,水平横向风速的湍流能量小于水平纵向风速,导致水平横向湍能输送小于水平纵向输送。

与水平风速结果对比可以看到(图 4.24a),水平风速波动时段也是垂直方向能谱密度峰值频率的波动时段(图 4.24b),但垂直方向能谱密度峰值对应的频率平均振荡幅度远大于水平方向(表 4.1)。表明雾条件下湍能在垂直方向由含能涡区向高频区的输送比水平方向要显著,与北京雾过程中垂直输送为主的结论一致。受大气边界层和地表限制,垂直方向能谱密度主要集中在较高频率区,含能涡区的峰值频率区间比水平方向窄。雾形成初期(13 日 06 时)和雾发展期(13 日 12 时),垂直能谱密度峰值频率明显有向高频移动的特点。

雾生消过程中,温度谱密度峰值频率极值与速度谱峰值频率的变化趋势类似,但温度谱峰

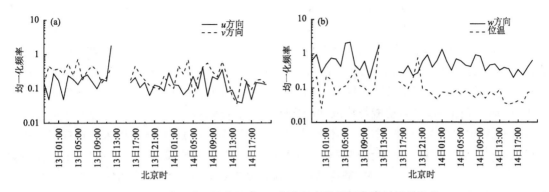

图 4.24　雾生消过程中风速、温度谱密度峰值频率随时间的变化

值频率更偏向于低频区,其中,雾发展阶段的温度谱密度峰值频率大于速度谱的峰值频率(图 4.24b)。雾生成到发展阶段,温度谱向高、低频区的移动趋势与速度谱相同,温度谱含能涡区的频率区间大于速度谱含能涡区的频率区间。雾进入消散阶段后(13 日 20 时),温度谱含能涡区的频率区间比速度谱显著偏向于低频端,与沃鹏等(1999)给出的寒潮冷锋过境期间的特征相同。表明雾生成至发展期间,浮力做功主要来自于较小涡旋运动;冷空气导致雾消散时,浮力做功稳定来自于较大涡旋运动。

表 4.1　均一化频谱密度峰值频率绝对误差均值

发展阶段	纵向风速谱	横向风速谱	垂直方向风速谱	温度谱
雾形成前	0.06	0.14	0.36	0.06
雾持续中	0.14	0.13	0.37	0.18
雾消散后	0.08	0.08	0.13	0.07

综上所述,雾形成前平流期间,水平横向和纵向归一化速度谱峰值频率的数值最高;雾生成至发展期间,数值最低,且向高频端移动;雾顶下降期间,速度谱峰值频率的数值较小,再次向低频端移动;雾消散后,继续向低频端移动到 0.1 附近。对于垂直方向风速频谱,雾生消的各阶段,频谱峰值的无因次频率较为接近,但仍呈现与水平方向速度谱相似的特征。温度谱密度曲线在惯性副区的离散大于速度谱,雾持续期间,温度谱密度峰值频率高于雾前和雾后阶段。

4.3.2　雾过程平均动能和湍流强度

大气运动的平均动能(E)和湍流动能(TKE)可分别表示为:

$$E = \frac{1}{2}(u^2 + v^2) \tag{4.14}$$

$$\text{TKE} = \frac{1}{2}(u'^2 + v'^2 + w'^2) \tag{4.15}$$

图 4.25 给出了 2006 年 2 月雾过程中湍流动能和平均动能随时间的变化。雾形成前(2 月 12 日日落时刻至 22 时),低层大气的平均动能和湍流动能很小,反映雾形成前静风和大气稳定状态。起雾前约 6 h,即 2 月 12 日 22 时,由于低空西南气流增强,平均动能和湍流动能突然同时增大,13 日 01 时达到最强,以后迅速减弱。雾发展阶段平均动能和湍流动能在一个较

小的峰值区波动。进入雾发展最强盛阶段后,平均动能再次减小,并趋近于 0,但湍流扰动仍维持在非常活跃的状态,振荡频率和振幅增大,一直维持到 13 日 17 时,湍流动能的数值甚至大于平均动能。雾消散过程(13 日 18 时以后),随着高空冷空气的侵入,平均动能稳定在较高的范围,雾顶逐渐下降,湍流动能稳定在 $0.5 \sim 0.8 \ \text{m}^2/\text{s}^2$,随平均动能的振幅变化相应有微小的波动变化,强振荡变化特征不明显,平均动能大于湍流动能,两者的差为 $1.5 \sim 3.0 \ \text{m}^2/\text{s}^2$。14 日 10 时雾消散后,平均动能与湍流动能之差迅速增大至 $4.0 \ \text{m}^2/\text{s}^2$。

张光智等(2005)曾分析过 2001 年 2 月 20—23 日北京及周边地区雾的大气边界层风场扰动特征,发现起雾前约 10 h 湍流动能有显著上升,出现关键的扰动信号。图 4.25 也存在雾前 6 h 西南气流加强时(12 日 23 时)平均动能和湍流动能出现显著增大的现象。如果这是一个普遍规律,则将是雾过程预报和预警的有效指标。为了考察这一指标的有效性,将资料分析延长为 2 月 7—14 日。结合天气现象,该时段经历了冷锋过境、晴朗小风、雾天气等不同的天气背景。2 月 7—8 日为冷锋过境天气,风力较强,西北风平均 3.5 m/s 左右;9—10 日为华北地形槽控制下的晴朗小风天气,有轻雾出现,其中 9 日下午西南风略大,10 日全天弱西南风;11 日弱冷空气东路入侵,天气晴朗;12 日东路冷空气减弱,轻雾天气;13 日凌晨南风增强到 3 m/s 左右,待风再次减弱至不足 1.5 m/s 时,能见度降低,雾形成,13 日白天为弱南风,雾变浓;14 日中午,冷锋过境,西北风加强,雾消散。

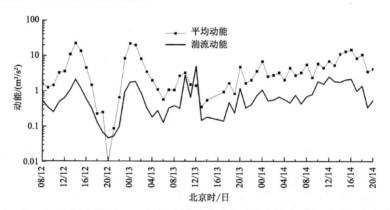

图 4.25　2006 年 2 月 12—14 日雾生消过程平均动能和湍流动能随时间的变化

图 4.26 给出了 2 月 7—14 日不同天气背景条件下平均动能和湍流动能随时间的演变。可见平均动能和湍流动能均有多个波动出现,但出现显著上升时间分别在 8 日 00 时、11 日 03 时、12 日 14 时、13 日 00 时前后,后 3 次动能上升的幅度均较大。其中,雾生成前的动能增大幅度最大,平均动能增长近百倍,湍流动能增幅达 10 倍。前 3 次平均动能增加强度均低于北京雾过程中平均动能 9 倍的上升幅度,而本次雾生成前平均动能的上升幅度是北京雾过程的 10 倍。由此可见,动能显著变化的出现虽不是雾生成前特有的信号,但雾前的扰动信号显著强于其他天气条件下的扰动幅度。

由图 4.26 还可以看到:平均动能一般大于湍流动能,不同天气条件下它们的差值不同。雾生成前和雾发展阶段湍流异常活跃,湍流动能甚至能大于平均动能,与其他天气条件不同。每次平流雾生成前是否均有这种信号出现还有待于实验观测和理论研究的进一步验证。

雾发展阶段湍流动能与平均动能处在同一数量级,且湍流动能的振荡更加活跃。湍流动能极大值出现在雾发展的阶段也说明雾天的平均动能较小,而湍流扰动却非常活跃。从 2006

年 2 月 7—14 日的湍流动能可以看出:雾发展阶段平均湍流输送虽不一定最强,但振荡变化却最剧烈,而且湍流扰动的极大值就出现在此阶段。该次实验观测结果恰好能解释低探观测中雾发展时的湍流强度为何大于消散阶段。

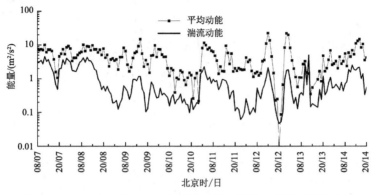

图 4.26　2006 年 2 月 7—14 日平均动能和湍流动能随时间的变化

此外,利用 2018 年 11 月 26 日 01 时至 27 日 04 时发生的一次持久的平流辐射雾事件,分析了天津地区辐射平流雾过程的湍流特征。根据能见度、雾层的边界层结构、TKE 和向下长波辐射通量的演变,将此平流辐射雾的生命周期分为四个不同的阶段,即雾的生成、发展、成熟和消散阶段。采用垂直速度方差(以下简称 σ_w^2)和 TKE 作为湍流强度的参量,表示湍流扩散能力,其时间变化如图 4.27 所示。

生成阶段:从 11 月 25 日 16 时开始,40 m 高度的 σ_w^2 逐渐下降,且一直保持在相对较低的水平($0.0103\sim0.1005$ m²/s²)。在 120 m 和 200 m 高度处也观测到类似的趋势,σ_w^2 的值分别在 $0.0742\sim0.2115$ m²/s² 和 $0.0077\sim0.0434$ m²/s²(图 4.27a)。在雾形成之前,TKE 保持在相对较低的水平,40 m 高度处的值在 $0.0844\sim0.3705$ m²/s²(图 4.27b)。σ_w^2 和 TKE 的结果表明,低强度的湍流可能是雾形成的必要条件,此结论与已有的观测结果(Nakanishi,2000;Bergot,2013)类似。然而,本研究中的 σ_w^2 的范围比在 LANFEX 和 Cardington 获得的 σ_w^2 的范围要大得多。造成两者差异的主要原因是由于湍流观测仪器的架设高度不同,Price(2019)中湍流观测仪器安装在高度 2 m 或 10 m 处,本研究中的安装高度为 40 m。相比 Price(2019),本研究中湍流观测仪器的安装高度要高得多,不同湍涡的影响导致文中 σ_w^2 的值相对较大。尽管 σ_w^2 的范围不同,但湍流强度的阈值仍然可以作为不同地区雾预测的指标之一。

发展阶段:在此阶段,40 m 和 120 m 高度处的 σ_w^2 迅速增大,而 200 m 高度处的 σ_w^2 同时增大,并逐渐超过 40 m 和 120 m 的数值。三个高度观测到的 TKE 呈现出相似的趋势,200 m 高度处的 TKE 增大最为明显。当湍流混合足够强时,湍流混合会促进冷凝达到足够厚度的过饱和层,是辐射雾中雾发展最为主要的物理机制。然而,与晴日相比雾天 σ_w^2 和 TKE 的数值相对较小,表明适度的湍流强度有利于雾的发展。尽管相对较强的湍流运动对雾的发展至关重要,但在雾的发展阶段湍流强度仍不能过大。

成熟阶段:11 月 26 日 11 时,200 m 高度处的 σ_w^2 最大,120 m 高度处的 σ_w^2 是第二大,而 40 m 高度处的 σ_w^2 最小。从 11 月 26 日 11 时开始,三个高度的 σ_w^2 均观测到下降趋势,200 m 高度处的 σ_w^2 急剧下降。至 11 月 26 日 18 时,三个高度的 σ_w^2 几乎相同。三个高度观测的 TKE 也均呈相似的下降趋势,且 TKE 基本相等,表明此时雾边界层的湍流是均匀分布的。结

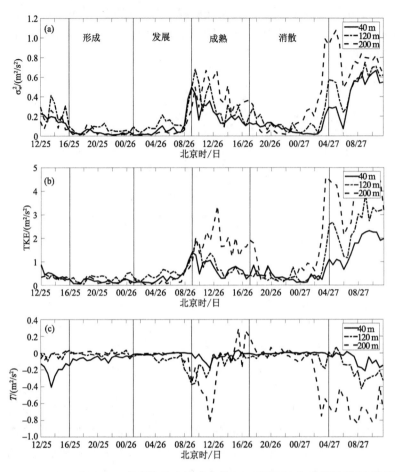

图 4.27　40 m、120 m 和 200 m 高度的垂直速度方差(a)、TKE(b)和动量通量(c)的时间变化

果表明,相对较低的湍流强度有助于雾的维持。

　　消散阶段:从 11 月 26 日 17 时至 11 月 27 日 00 时,三个高度的 σ_w^2 的变化极为相似,数值均很小(图 4.27a)。此结果表明,在消散开始阶段,湍流并不是雾消散的主要原因。从 11 月 27 日 00 时开始 σ_w^2 迅速增大,增长率随着高度的上升而增大。消散阶段的 σ_w^2 比晴天同一时间的 σ_w^2 大得多。此外,快速增大的 σ_w^2 与近地层的雾消散相对应,这表明近地层雾的消散可以归功于强烈的湍流混合。11 月 27 日 03 时,200 m 高度处的 σ_w^2 超过 1 m²/s²,而 40 m 和 120 m 高度处的 σ_w^2 分别超过 0.2 m²/s² 和 0.4 m²/s²。三个高度观测的 TKE 也呈现类似的趋势,11 月 27 日 03 时,TKE 在 200 m 高度处已超过 4 m²/s²。虽然高层雾消散的主要原因是强北风带来的寒冷干燥气流,但强湍流混合也是雾消散的原因之一。然而,与高层的强北风相比,地表风总是很小,南风持续存在表明地表的雾消散机制可能与高层雾消散的机制不同。200 m 高度处的动量开始显著增大,并在 01 时向下输送(图 4.27c),导致中层的雾消散。由于风切变,雾层顶部的下沉气流导致雾层上方的干燥空气沉入雾层,并逐渐与雾混合。这些下沉气流导致雾层和上面的干燥空气混合,最终导致中层雾层被逐渐侵蚀(Bergot,2013,2016)。然而,低层的动量通量较小,表明高层动量的向下传输受到阻碍,下沉气流无法到达地面,因此,近地层的雾消散主要是强烈的湍流混合所致。此外,研究结果表明,浓雾抑制并推迟了近地层污染的扩散。总之,湍流在雾层消散过程中起了重要作用。此外,值得注意的是,此次雾消散过程中近地层和高层的雾消散机制是不同的。高层的雾消散可以归因于开始阶段的强风和干空气入侵,以及后来的强湍流。与此同时,由于风切变,雾层顶部的下沉气流导致雾层上方的干燥空气逐渐与雾层混合,导致中层雾层被侵蚀。然而,由于浓雾,气流的下沉运动受到抑制(高层的动量很难向下传播),导致近地层雾存活下来,并在很长时间之后才消散。在雾消散接近结束时,由于强烈的湍流混合,近地层雾快速消散。

4.3.3　湍流与雾消散的关系

　　研究人员曾提出了多种雾消散的机制,包括雾层和干空气的混合、雾顶的强风切变、下沉气流和层云的出现等。雾消散阶段的湍流特征对于雾消散时间的预报至关重要,因此本研究更加关注雾消散阶段的湍流特征及其与雾消散的关系。

　　图 4.28a 给出了近地层雾消散阶段的冷却率廓线。结果表明,雾层底部(40 m 以下)的冷却率几乎是恒定的,数值为 $0\sim0.5$ ℃/h,与 Zhou 等(2008)的结果相似。本研究结果证实,在计算薄雾消散的临界湍流交换系数时平均或地表冷却率可用来代替雾顶的冷却率。基于此,计算了此次近地层雾消散阶段的临界湍流交换系数(K_c),结果如图 4.28b 所示。K_c 随着高度的上升而增大,特别是在雾层。图 4.28c 给出了近地层雾消散阶段湍流交换系数(K_m)和 K_c 的时间演变。与之前的研究结果相比,平流辐射雾的 K_m 值大于浅辐射雾而小于平流雾(Li et al.,2015a)。当 K_m 超过 K_c 时,近地层雾就会消散,证实雾消散阶段湍流阈值存在的可能。超过该阈值时雾将开始消散。

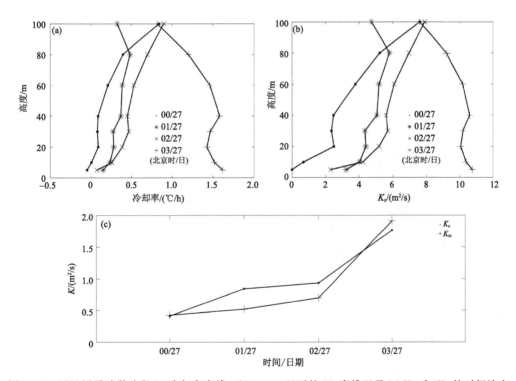

图 4.28　近地层雾消散阶段(a)冷却率廓线,(b)100 m 以下的 K_c 廓线以及(c)K_m 和 K_c 的时间演变

$$K_{\mathrm{m}} = \frac{\kappa u_* z}{\varphi_{\mathrm{m}}\left(\dfrac{z}{L}\right)} \qquad\qquad (4.16)$$

$$K_{\mathrm{c}} = 1.38\left[\alpha\beta(p,T)C_0\right]^{1/2}H^{3/2} \qquad 浅雾 \qquad (4.17)$$

$$K_{\mathrm{c}} = 1.41\left[\alpha\beta(p,T)C_t\right]^{1/2}H^{3/2} \qquad 厚雾 \qquad (4.18)$$

式中，C_0 为地表冷却率，C_t 为雾顶的冷却率（单位：℃/h），α 为重力沉降参数，设置为 0.062，H 为雾顶高度（雾厚度），$\beta(p,T)$ 为 Clausius-Clapeyron 方程，是气压 p(hPa) 和温度 T(K) 的函数。

为了检验临界湍流交换系数的稳健性，选择了更多的雾个例做进一步的研究。2016 年 9 月 27 日 04 时观测到了一例因弱风（图 4.29a）和表面辐射冷却（图 4.29d）而形成的辐射雾事件。该辐射雾仅持续了 2 h，于 27 日 06 时消散。雾的消散主要归因于与北向低空急流相关的风垂直切变引起的强湍流混合（图 4.29e）。此低空急流逐渐下移（630 m）并增强（22 m/s）。已有的研究指出，夜间低空急流风速最大值对近地层湍流的生成起重要作用（Banta et al.，2003，2006）。此外，由于湍流向下传播（Mahrt et al.，2002），雾层内的 TKE 同时增大（图 4.29e）。因此，尽管辐射冷却仍然促进水汽凝结（图 4.29d），但雾层却因强湍流混合而坍塌。比较 2016 年 9 月 27 日 05 时的 K_{m} 和 K_{c}（图 4.29f）表明，当 K_{m} 大于 K_{c} 时，辐射雾的确会消散。

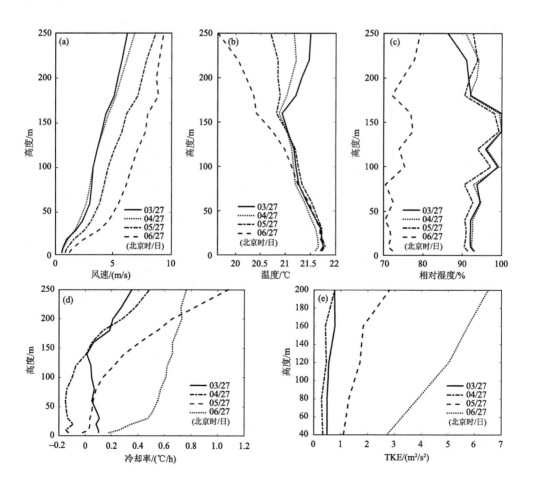

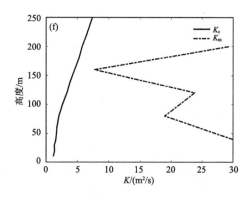

图 4.29 2016 年 9 月 26 日 TKE 从 03—06 时风(a)、温度(b)、相对湿度(c)、
冷却率(d)以及 TKE(e)的廓线,2016 年 9 月 27 日 05 时 K_m 和 K_c 廓线(f)

　　另一个发生在 2016 年 10 月 18 日的辐射雾也被选中来验证这一结论。由于辐射冷却,雾于 10 月 18 日 22 时形成(图 4.30a),雾持续时间为 10 h。在 19 日 06 时之前,冷却率总是大于0,雾层几乎保持不变(图 4.30a~c),此结果再次证实近地层的冷却率可以近似代表整个雾层的冷却率,并用于计算 K_c。从 19 日 06 时开始,地表冷却率变为负值,冷却率随着高度升高逐渐增大(图 4.30d)。湍流交换系数始终保持在较低水平,在雾形成前,80 m 以下几乎为常数(图 4.30i),有利于雾的形成。一旦雾形成,近地层的湍流交换系数显著增大(图 4.30j)。雾从19 日 08 时开始消散,负冷却率和强湍流混合导致雾层于 19 日 10 时完全消散。值得注意的是,公式(4.17)和公式(4.18)是依据雾层在成熟阶段的厚度、液态含水量和雾滴谱分布通常保持稳态或准稳态的假设获得的。然而,很明显,在此次辐射雾过程中并没有稳态或准稳态出现。同样发生在 2016 年 12 月 18 日的辐射雾事件亦如此,由于太阳辐射引起的辐射升温和强湍流而消散,同样未观察到稳态或准稳态。此外,为了保证公式(4.17)和公式(4.18)有意义,雾层内的冷却率应该为正。然而,之前的研究表明,辐射雾具有显著的日间变化。通常在日出后或中午消散。太阳辐射导致的负冷却率表明日出后 K_c 并不存在。因此,由于大部分辐射雾事件中不存在稳态或准稳态(成熟阶段)以及消散于日出后,临界湍流交换系数不能用于预测大部分传统辐射雾事件的消散。

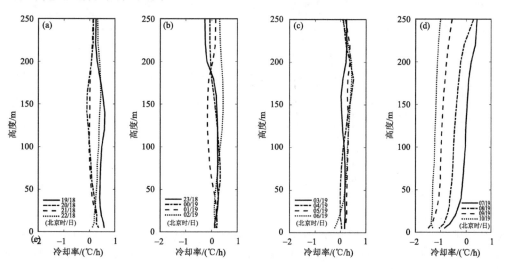

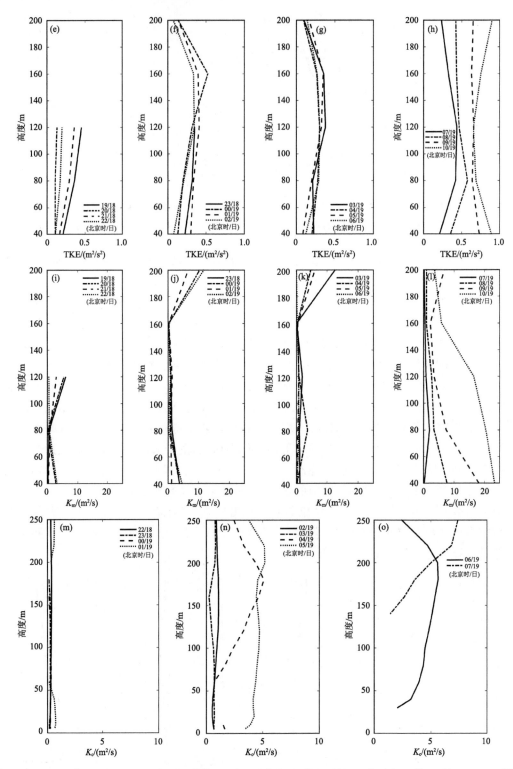

图 4.30 (a)10 月 18 日 19—22 时,(b)10 月 18 日 23 时至 10 月 19 日 02 时,(c)10 月 18 日 03—06 时以及 (d)10 月 18 日 07—10 时的冷却率廓线;(e)、(f)、(g)、(h)和(i)、(j)、(k)、(l)同(a)、(b)、(c)、(d),但分别为 TKE 和 K_m;(m)10 月 18 日 22 时至 19 日 01 时,(n)10 月 19 日 02—05 时以及(o)10 月 19 日 06—07 时的 K_c 廓线

2016 年 12 月 19 日 17 时观测到一次平流辐射雾事件,此次平流辐射雾持续了 66 h。雾最初是由辐射冷却形成的(图 4.31d),并在弱西南平流的帮助下垂直发展(图 4.31c),该平流将水汽输送到成雾区。在整个雾生消过程中,250 m 以下的风速始终低于 4 m/s,有利于雾的维持。雾层内的冷却率恒为正,且各层数值几乎相等(图 4.31e)。12 月 22 日 08 时,由于水汽

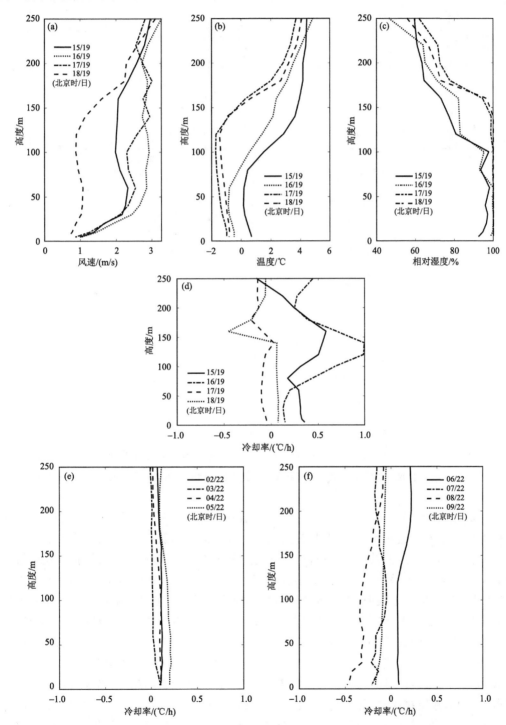

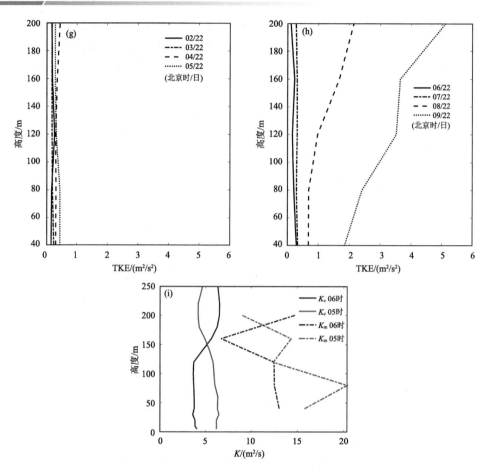

图 4.31　2016 年 12 月 19 日 15—18 时(雾生成阶段)(a)风、(b)温度、(c)相对湿度以及(d)冷却率的廓线。
12 月 22 日 02—09 时(e)、(f)冷却率和(g)、(h)TKE 廓线,12 月 22 日 05 和 06 时(i)K_c 和 K_m 的廓线

蒸发和强湍流混合,雾消散。根据 TKE 和能见度的演变特征,12 月 22 日 06 时可以被视为成熟阶段的结束。因此,对 06 时的 K_c 和 K_m 进行比较,结果表明此时的 K_m 的确比 K_c 大。然而,值得注意的是,除成熟阶段结束时刻外,K_m 的值有时也会大于 K_c,表明 K_c 并不是预测雾消散的唯一指标。

　　综上所述,临界湍流交换系数的确可以用于预测一些雾事件(辐射雾和平流辐射雾)的消散。但有两个主要的适用条件:一个是雾消散阶段仅仅涉及辐射冷却、湍流混合和重力沉降三个物理过程。第二个是消散需发生在夜间,在此期间辐射冷却有利于雾的维持,而湍流混合有利于雾消散。然而,大部分雾事件在日出后由于太阳辐射加热和增强的湍流混合而消散。此外,夜间的湍流强度总是很弱,无法抵消辐射冷却对雾的影响。因此,临界湍流交换系数通常用于有雾且夜间湍流混合突然增强的状况,例如强夜间低空急流或天气系统过境。此外,公式(4.28)和公式(4.29)表明,临界湍流交换系数随着雾顶高度的升高而增大,表明雾层越厚,则需要更强的湍流混合来破坏雾层。对于辐射雾,雾顶高度与湍流强度密切相关(Román-Cascón et al.,2016)。雾层的垂直发展与雾层内 TKE 的增大密切相关,当湍流超过阈值时雾会消散。因此,雾层越厚,冷却率越大,雾层内部的 TKE 越强,则需要更强的 TKE 来破坏雾层。为了定量分析雾顶高度对临界湍流交换系数的影响,应通过模式模拟做进一步定量研究。

4. 4　本章小结

利用 2006—2018 年天津地区的边界层实验观测资料,分析了多次雾过程的边界层和湍流特征,得到如下结论:

(1)平流雾过程中,大气主要呈弱不稳定层结,低层大气稳定度参数主要集中在 $|z/L|<1$ 范围内,近地层摩擦速度(u_*)集中在 0.2~0.5 m/s。西南气流侵入前和雾生成初始阶段,大气层结呈弱稳定状态;西南气流侵入的成雾前和雾消散阶段,呈近中性和偏弱不稳定层结;成雾后至发展阶段,稳定与不稳定层结频繁振荡调整,不稳定层结状态存在时间占优,u_* 振荡变化幅度和频率最大,数值在 0.2~1.2 m/s;雾消散后,低层大气仍呈弱不稳定层结,不稳定度略有增强。

(2)华北平流雾过程中不稳定层结条件下的风速归一化标准差随稳定度参数的变化满足 1/3 幂次律。平流雾形成前,水平方向风速归一化标准差大于雾中和雾后,雾中垂直方向风速归一化标准差不存在明显差异。

(3)温度归一化标准差随大气稳定度的绝对值增大而减小,稳定度参数(z/L)在 -0.1~0.1 时,温度归一化标准差的离散度迅速增大。

(4)平流雾生消过程中,水平方向热量输送大于垂直方向;雾持续期水平方向的热量输送与垂直输送比的振荡变化明显偏大。暖湿气流侵入时热量的水平输送和垂直输送均有短时加强的现象,且水平输送的加强更加明显;雾生成初期热量输送相对较弱,但水平和垂直热量输送变化很快达到最强,其比值呈多峰值振荡变化;雾消散阶段垂直输送有所增强;雾消后水平和垂直方向热量输送稳定维持较强。

(5)雾前和雾后各方向风速能谱密度曲线的峰值频率偏向低频区,雾中不同方向风速能谱密度峰值频率位于高频区。其中,垂直方向风速能谱密度峰值频率的平均振幅大于水平方向,水平横向风速能谱密度的峰值频率大于水平纵向。雾形成初期,温度谱峰值频率振荡区间大于速度谱,雾顶降低期间温度谱峰值频率比速度谱峰值频率更偏向于低频区。

(6)雾生消发展阶段,垂直方向速度谱峰值随时间变化不显著;而水平方向速度谱峰值数值在雾前平流阶段最大,雾持续期间峰值最低。水平纵向和垂直方向风速谱峰值范围较宽且平缓,横向风速谱略显尖锐。温度谱峰值范围较窄,但低频区到高频区的过渡较平缓。

(7)雾天过程中平均动能数值较小,但湍流扰动活跃。湍流动能振荡变化强于冷锋过境等天气条件,最强扰动出现在雾发展阶段。雾前的平均动能和湍流动能异常增强,且有湍流动能大于平均动能,可能是平流雾的启动信号。

(8)湍流特征的研究结果表明,弱湍流对雾的形成至关重要。雾生成阶段,σ_w^2 的阈值为 0.01~0.10 m²/s²,其范围远大于浅雾中观测到的范围,表明湍流阈值范围与雾的厚度密切相关。尽管 σ_w^2 的范围不同,但湍流强度的阈值仍然可以作为预测雾是否生成的指标。在雾发展阶段,σ_w^2 的阈值为 0.10~1.50 m²/s²,低于此阈值下限,雾无法垂直发展;而当湍流强度超过该阈值上限时,雾可能会变薄或消散。湍流阈值范围与雾的厚度有关,雾层越厚,它能承受的湍流强度越强。高层雾的消散主要是由于风向的变化和强风导致,雾层顶部的下沉气流导致中层雾层被侵蚀。与高层雾的消散机制不同,近地层的雾消散主要归因于强湍流混合。

（9）本研究结果证实了当湍流交换系数超过临界湍流交换系数时雾会消散的结论。然而，此结论有两个主要的适用条件：一个是雾消散阶段仅仅涉及辐射冷却、湍流混合和重力沉降三个物理机制。此条件表明临界湍流交换系数不仅可用于辐射雾，而且还可用于某些平流辐射雾事件。第二，雾消散必须发生在夜间（辐射冷却必须为正）。在消散阶段，辐射冷却有利于雾的维持，而湍流混合会导致雾消散。第二个条件表明，适用于此结论的雾的消散机制不是传统的雾消散机制，如太阳辐射的增强。必须有一些其他机制增大夜间的湍流混合，如低空急流或天气系统过境。

第 5 章
"海效应"对环渤海雾过程的影响

渤海沿岸的诸多天气现象与渤海动力、热力及水汽条件有关,流经渤海海面的气流由于受海洋下垫面的影响常常发生变性,从而导致暴雪、阵雨、大雾等天气(杨成芳,2010;郑怡,2013;何群英 等,2017;周雪松 等,2019),并由此诞生了一个重要术语——渤海"海效应"(李延江 等,2014)。海效应一般是指当有空气流经海面时,水体与低层空气之间通过湍流与蒸发过程进行热量和水汽交换,在近海面上空及海岸带形成对流云系,在适当触发机制作用下进一步发展成暴雪和阵性降雨等天气(Petterssen et al.,1959;Tage et al.,1990;李延江 等,2014)。海效应与渤海西岸大雾天气也密切相关,本章结合统计分析和个例研究,剖析海洋动热力及水汽增发对沿岸大雾的影响。

5.1 海陆雾局地性分布概貌

渤海作为半封闭的内陆浅海,其地理位置和水文特征使该海域海雾类型、成因更为复杂,经常观测到渤海西岸雾以海岸线为分界线近海有雾而沿岸无雾,或近海无雾而沿岸有雾的现象。以气象日界为准,天气现象观测中记录有雾,且该日定时观测中至少有一次能见度<1000 m,作为雾日。基于渤海 A 平台和其西岸塘沽气象站观测资料,统计 2015—2020 年海陆雾局地性分布概貌,统计时段划分如下:08 时 01 分至 14 时为上午,14 时 01 分至 20 时为下午,20 时 01 分至次日 08 时为夜间。根据渤海西岸雾出现时间的先后顺序及演变趋势,将其分为四种类型:①陆雾未入海型:只在陆地站观测到雾现象;②陆雾入海型:陆地站先出雾,海上 A 平台后出雾;③海雾未上岸型:只在海上 A 平台出雾;④海雾上岸型:海上 A 平台先出雾,陆地站后出雾。

对陆雾而言,未入海和入海类型陆雾日数均是冬季明显多于其他季节,概率分别为 53%和 47%,秋季陆雾未入海概率(74%)高于入海概率(26%),夏季偶尔出现陆雾未入海,春季未出现过陆雾;对海雾而言,未上岸类型海雾日数春季和冬季相当,夏季次之,秋季雾最少。海雾上岸类型主要出现在春、冬季,秋季偶尔出现,夏季未出现。各个季节海雾未上岸概率均显著高于上岸概率。此外,春、夏季海雾未上岸类型最多,秋、冬季陆雾未入海类型最多,陆雾未入海、海雾未上岸日数在春、秋季差值最大,这可能与海陆温度的季节变化有关(图 5.1)。

将雾日样本分上午、下午、夜间三个时段,依据雾日样本中该时段能见度大小统计,只要能见度小于 1000 m 就统计为一次。陆雾入海和海雾上岸类型生成时间均主要在夜间,且持续时间均大于 12 h,日变化特征不显著,平流雾特征比较显著;而陆雾未入海和海雾未上岸类型

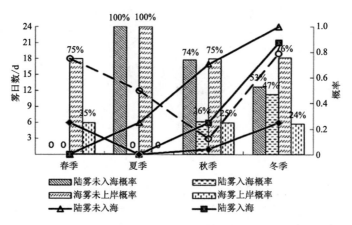

图 5.1　2015—2020 年渤海西岸陆雾与海雾日数及发生概率的季节变化

的日变化特征显著,辐射雾特征明显,以下分析这两类雾的日变化特征:陆雾入海和海雾上岸类型生成和持续时间的日变化均很显著,陆雾事件中,89%概率会入海,海雾事件中,69%概率会登录上岸,且陆雾和海雾在夜间时段跨越海岸线的概率远高于白天时段。夜间生成、白天消散的雾最多,与气候统计规律一致。陆雾入海类型夜间出现频率高于海雾上岸类型,上午发生概率明显低于海雾上岸类型,而午后出现频率相当。海雾未上岸类型维持时间较长,持续12~24 h的频率为40%,而陆雾未入海类型只有15%;而维持时间少于12 h的陆雾未入海类型比海雾未上岸类型高出25%(表5.1)。

表 5.1　2015—2020 年渤海西岸陆雾与海雾生成和持续时间频率

生成时间/北京时	08:01—14:00	14:01—20:00	20:01—08:00
陆雾入海频率/%	2	9	89
海雾上岸频率/%	21	10	69
持续时间(t)/h	$t \leqslant 6$	$6 < t \leqslant 12$	$12 < t \leqslant 24$
陆雾未入海频率/%	40	45	15
海雾未上岸频率/%	25	35	40

经统计,2015—2020 年渤海西岸雾日数合计为139 d,陆雾日74 d,陆雾入海频率为36%;海雾日65 d,海雾上岸频率为20%。将 2015—2020 年渤海西岸陆雾与海雾发生时地面天气系统归类发现,高压内或高压前最容易出现海岸带大雾。其次,陆雾未入海类型在鞍型场或均压场及高压底部情况下出现较多,无明显冷暖平流。海雾未上岸类型在入海高压内或高压前情况下最多,低空为下沉气流区域。陆雾入海和海雾上岸类型均在低压倒槽情况下出现较多,有明显偏南暖湿平流(表5.2)。

表 5.2　2015—2020 年渤海西岸陆雾与海雾地面系统归类　　　　　　　　　　单位:d

类型	陆雾未入海	陆雾入海	海雾未上岸	海雾上岸
鞍型场或均压场	6	2	6	0
低压底部或华北地形槽	4	3	7	1
低压倒槽	2	6	7	5

续表

类型	陆雾未入海	陆雾入海	海雾未上岸	海雾上岸
高压底部	6	2	2	1
入海高压后部	4	0	8	1
高压内或高压前	25	14	22	5
合计	47	27	52	13
频率/%	64	36	80	20

由此可见,在冬季和春季,海岸带大雾的局地性很强,而且夜间出雾及持续时间少于 12 h 情况下,渤海西岸大雾海陆局地性更强。高压内或高压前最容易出现海岸带大雾,陆雾未入海类型在鞍型场或均压场、高压内部、前部或底部情况下出现较多。下面以 2016 年 12 月 3 日后半夜至 4 日上午一次海岸带陆雾过程为例,细致分析海洋热力差异效应导致陆雾未入海的原因。

5.2　海洋热力差异效应影响雾分布

5.2.1　雾覆盖区域及演变概况

为了阐述海洋热力差异如何影响渤海西岸大雾的精细落区,针对 2016 年 12 月一次雾过程,进一步开展海洋热力效应对大雾精细落区的观测与模拟影响研究。所用资料包括:①中国气象局 MICAPS 系统提供的地图资料和常规气象资料;②开发西区、塘沽站、东疆港和南港陆地气象自动站、A 平台近海自动气象站以及曹妃甸浮标监测站逐时能见度、气温、相对湿度、风向、风速和海温资料,所用资料均经过严格质量控制(图 5.2);③ERA Interim 再分析资料 (https://apps.ecmwf.int/datasets),为全球范围格点资料,水平分辨率 0.75°×0.75°,垂直分为 37 层,时间间隔为 6 h,使用高空风、相对湿度、比湿和温度、表面温度、海温等要素;④中国海洋大学开发的 MTSAT 卫星云图反演雾资料(http://222.195.136.24/forecast.html)。

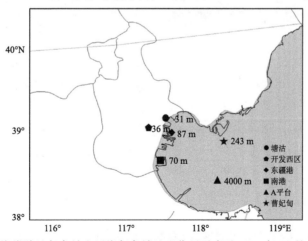

图 5.2　渤海西海岸陆地气象站和近海气象站地理位置示意及 2016 年 12 月 4 日最低能见度

2016 年 12 月 4 日 08 时,京津冀中部及东部沿海内陆地区雾持续超过 10 h,而跨过海岸线后,渤海海域仅曹妃甸浮标站观测到有不到 1 h 的短历时雾,陆地观测站均出现浓雾,其中塘沽站雾最浓(图 5.2)。MTSAT 卫星云图监测大雾显示,08 时、11 时、20 时渤海西海岸大雾均以岸线西侧为主,未跨过海岸线(图 5.3b—d),由于卫星遥感监测雾覆盖范围只能作为参考(吴晓京 等,2015),以地面气象自动观测站监测为准更精确,因此,可以说这次大范围陆雾过程几乎未入海,即海面几乎没有雾(图 5.3a)。地面中尺度气象站逐时能见度演变显示(图 5.2),04 时开发西区能见度已降至 36 m,之后,塘沽、东疆港及南港先后出现能见度低于 100 m 的浓雾,塘沽站 05 时能见度为 492 m,06 时迅速下降到 194 m,随后能见度继续下降,07—12 时能

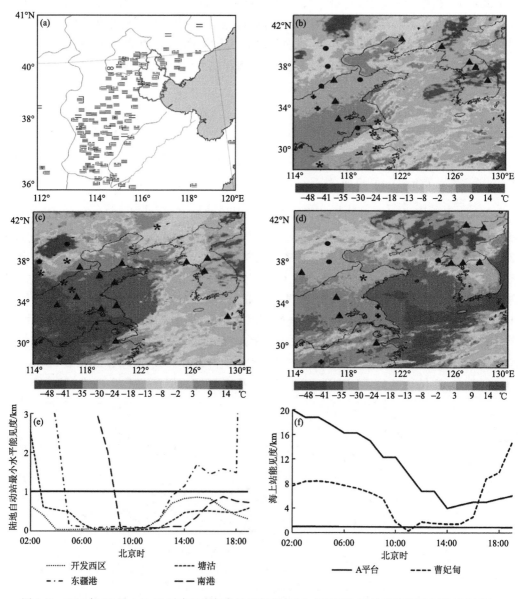

图 5.3 2016 年 12 月 4 日 08 时中尺度气象站天气现象(a),MTSAT 卫星云图监测大雾 08 时(b)、11 时(c)、20 时(d),陆地(e)及近海(f)02—19 时自动气象站能见度的逐时演变

见度保持在 100 m 以下,达到强浓雾标准,13 时能见度迅速增大到 260 m,19 时大雾缓解,20 时消散,期间 10 时出现最小能见度为 31 m,合计强浓雾时长为 7 h 左右(图 5.3e),近海曹妃甸浮标站仅在 4 日 11 时能见度为 243 m,其他时段能见度均大于 1000 m,A 平台 08 时能见度为 15000 m,白天仅出现轻雾,最小能见度为 4000 m(图 5.3f)。

5.2.2 高低空温压场有利雾形成

大雾作为一种静稳天气背景下的边界层内天气过程,虽然离不开大尺度环流形势,但与近地层天气系统联系更为密切(郑怡 等,2016)。2016 年 12 月 3 日 20 时到 4 日 08 时,500 hPa 以上高层,强大的极涡控制中高纬地区,华北地区上空处在极涡底部偏西平直气流中;渤海西海岸 850~700 hPa 处在西风弱槽前西南气流控制下;1000~925 hPa 由西风弱槽前西南气流转为槽后东北气流,利于中低层逆温形成;地面气压场上,环渤海地区由东北低压底部逐渐发展为闭合低压,渤海湾位于低压系统的西北象限,盛行偏北风,弱冷空气利于辐射降温(图 5.4a、b)。

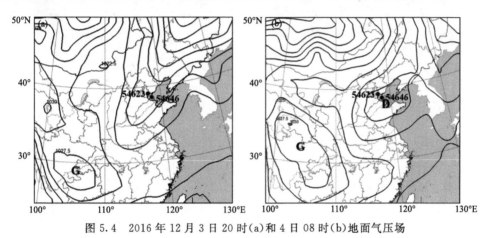

图 5.4 2016 年 12 月 3 日 20 时(a)和 4 日 08 时(b)地面气压场

5.2.3 低层大气结构影响雾精细落区

在适宜雾天气形成的环流背景条件下,边界层气象要素的分布是能否形成雾天气的关键,边界层温湿平流和风速、风向都是影响海岸带大雾发生发展的重要因子(王冠岚 等,2021)。曹祥村等(2012)在对黄海、渤海一次持续性大雾过程分析中发现,弱冷平流发展有利于低层空气冷却,对大雾发展和维持有重要作用;梁寒等(2015)通过对比分析两次低压顶部型海雾成因发现,大雾发生期间,850 hPa 以下相对湿度大于 70%,低压气旋顶部或右前方的偏南风输送暖湿气流,为大雾形成提供充沛水汽,在低层形成暖平流,建立逆温或等温的稳定层结,利于大雾形成和维持。下面将从低层气象要素影响重点分析本次大范围陆雾几乎未入海的原因。

5.2.3.1 低层大气温湿平流

2016 年 12 月 4 日 02 时 1000 hPa 渤海西海岸受西南风控制,有明显暖平流和水汽通量辐合(图 5.5a),沿塘沽站所在纬度(39.1°N)作纬向-高度剖面发现,暖平流向上一直延伸至 800 hPa,陆地塘沽站上空水汽通量辐合强度为 $(-0.6\sim-0.2)\times10^{-7}$ g/(hPa·cm² · s),略高于近海 A 平台上空(图 5.5c)。08 时,随着弱冷空气自西北向东南移动,1000 hPa 渤海西岸陆地逐渐转为弱西北风,为冷平流,近地层弱冷空气加剧辐射降温,利于陆雾维持,此时海上仍为西南风(图 5.5b),沿塘沽站所在纬度(39.1°N)作纬向-高度剖面可见,陆地塘沽站上空 875 hPa 以下为弱冷平流,以上为暖平流,有利于稳定层结建立;而近海 A 平台上空暖平流略有减弱,950 hPa 及以下水汽通量辐合也减弱为$(-0.4\sim0)\times10^{-7}$ g/(hPa·cm²·s)(图 5.5d)。14 时,渤海西海岸陆地和海上均转为东北风,受冷平流控制,水汽通量辐合基本维持,说明东北风带来冷湿空气。20 时能见度转好,大雾消散。根据相关定义,温度平流的强弱取决温度水平分布梯度和风场,水汽通量辐合强度取决于比湿和风场,由于雾期间大尺度环流基本无变化,故认为温度平流和水汽通量辐合的出现除了前期西南风的影响外,渤海西海岸附近局地风场也起重要作用。

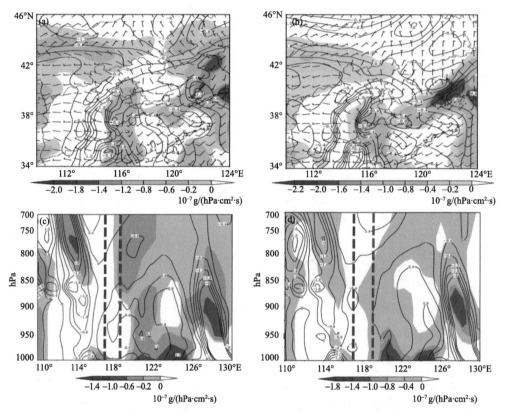

图 5.5 2016 年 12 月 4 日 02 时(a、c)、08 时(b、d)1000 hPa 风场、水汽通量散度(阴影)及温度平流(等值线)(a、b)与水汽通量散度(阴影)及温度平流(等值线)沿 39.1°N 剖面(c、d)(蓝色粗虚线表示塘沽站所在的经度,红色粗虚线表示 A 平台所在的经度)

5.2.3.2 海陆热力差异及局地热力环流

海陆温差是海陆风建立最主要的物理因素之一,参照王宏等(2020)确定海陆风的方法,采用 02 时前后的风向度数与 16 时前后的风向度数相减,其差为 235°,且维持时间大于 3 h,认为此次海岸带大雾发生前及期间存在海陆风环流。2016 年 12 月 4 日 02—08 时,渤海西海岸陆地温度低于近海温度(图 5.6a、b),海陆温差逐渐增大(图 5.6d),利于建立海陆风次级环流(图 5.7a、b),近海低空为弱上升气流,最大速度为 0.05 Pa/s,陆地低空为下沉气流,最大速度为 0.4 Pa/s,海上辐合上升气流在稍高层辐散,使得地面为离岸风(西北风),近地层来自渤海较暖湿气流在陆地上方遇冷下沉,为渤海西海岸陆雾形成提供一定水汽,有利于陆地侧上空空气趋向饱和,同时为陆地提供近地层暖平流,有利于逆温结构的建立和维持;08—14 时,受太阳辐射影响,渤海西海岸陆地温度逐渐高于近海温度(图 5.6c),海陆温差逐渐减小(图 5.6d),海陆风环流逐渐减弱(图 5.7c),塘沽站地面温度快速上升,15 时达到最高(6.6 ℃),海陆温差达最小(1.9 ℃)(图 5.6d),逆温层逐渐被破坏,海岸带大雾趋于减弱消散(图 5.3)。

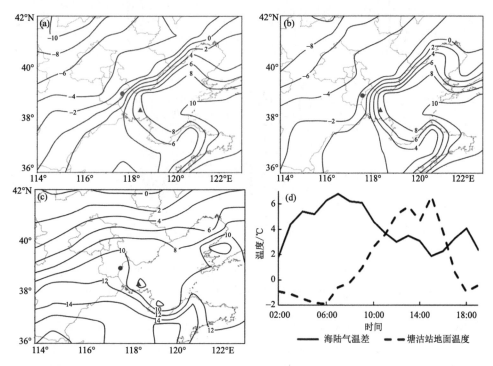

图 5.6　2016 年 12 月 4 日 02 时(a)、08 时(b)、14 时(c)表面温度分布(单位:℃)和 02—19 时海陆气温差(单位:℃)、塘沽站地面温度(单位:℃)逐时变化(d)(黑色圆点表示塘沽站,黑色三角形表示 A 平台)

　　2016 年 12 月 4 日 08 时,渤海中心海温为 8～10 ℃,向北、西、南沿岸均为递减趋势,辽东湾、渤海湾及莱州湾最低海温为 0～2 ℃,陆地塘沽站附近海温为 4～6 ℃,近海 A 平台附近海温为 6～8 ℃(图 5.8a),从气海温差(气温减去海温)分布来看,渤海大部分海区气海温差为 −2～0 ℃,辽东湾向北、莱州湾向南为递增趋势,向渤海湾西北部略有递减趋势,其北部有小片区域为 −4～−2 ℃(图 5.8b)。沿塘沽站纬度(39.1°N)作纬向-高度剖面,可见,2016 年 12 月 4 日夜间(02 时)渤海西海岸附近逆温不显著(图 5.8c),08 时逆温显著增强,强逆温中心位于 116°E,塘沽站上空 975 hPa 及以下处于逆温层东侧,逆温强度为 0.01 ℃/m,相对湿度为 70%～80%,而 A 平台上空逆温不显著,相对湿度与塘沽站基本一致(图 5.8d),白天(14 时),渤海西海岸附近逆温结构消失。结合图 5.3b 雾区分布可知,渤海湾海温高于气温,使得近海难以建立稳定层结,导致陆雾入海后消失。

　　为了定量确定海温高低对本次陆雾入海即消的影响,利用 WRF 模式进一步开展了海温敏感性试验。

　　本节利用 WRF v4.2.2(Skamarock et al.,2019)开展海温对大雾影响的数值敏感性试

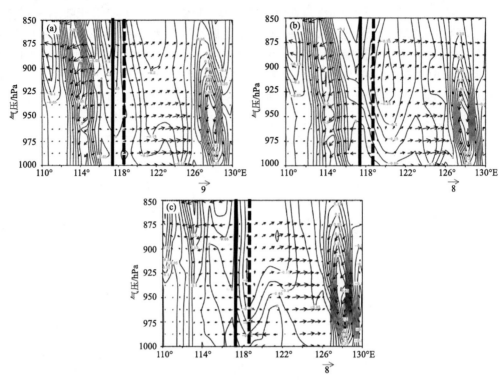

图5.7　2016年12月4日02时(a)、08时(b)、14时(c)垂直速度(等值线,单位:Pa/s)叠加 v/w 风场沿39.1°N的剖面(粗实线表示塘沽站所在的经度,粗虚线表示A平台所在的经度)

验,采用NCEP(National Centers for Environmental Prediction,美国国家环境预报中心)提供的FNL(Final)资料(https://rda. ucar. edu/datasets/ds083.2)作为WRF模式的初始场和侧边界条件,该资料水平分辨率为1°×1°,时间间隔为6 h;由NCEP提供的海表温度分析(NCEP SST analysis)资料(https://polar. ncep. noaa. gov/sst)作为模式输入海温资料,该资料水平分辨率为0.5°×0.5°,时间间隔为24 h。使用单层模拟区域进行数值试验,区域中心为(39.0°N,120.0°E),水平分辨率为5 km,水平格点数为441×369,垂直方向上为47层。模拟时间为2016年12月3日08时至12月5日08时,积分步长为15 s,输出间隔为1 h。数值敏感性试验参数化方案选定如下:大气边界层方案(Yousei University, YSU, Hong et al. ,2006a)、长短波辐射参数化方案(Rapid Radiative Transfer Model for General Circulation Models, RRTMG, Iacono et al. ,2008)、5层热扩散方案陆面过程方案、云微物理参数化方案(WRF Single-Moment 6-Class Microphysics, WSM6, Hong et al. ,2006b)、关闭积云对流参数化方案。针对雾过程模拟,打开YSU边界层方案的雾顶湍流扩散模块(ysu_topdown_pblmix=1)(Wilson et al. ,2018)。

在初始海温资料对照试验(SST_CTRL)基础上设计两个试验对比组,分别为原始海温资料中海表温度增加5%组(SST_PLUS5%)和原始海温资料中海表温度降低5%组(SST_MI-NUS5%),将模式模拟最底层液态水含量(Liquid Water Content,LWC)大于或等于0.0005 g/kg且小于0.7 g/kg的区域定义为模拟水平雾区(Tian et al. ,2019)。

图5.9至图5.11为3个试验组得到的模拟水平雾区。由图5.9可以看出,对照试验中4

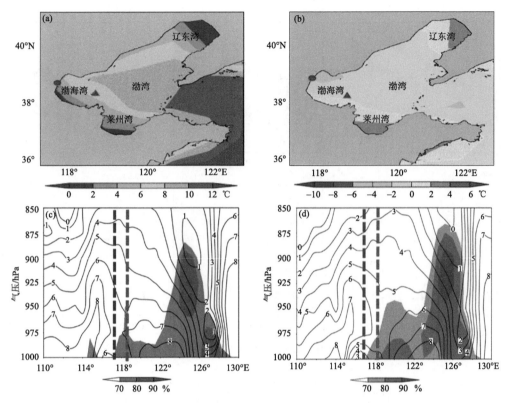

图 5.8　2016 年 12 月 4 日 08 时海温(a)和气海温差(b)与 02 时(c)、08 时(d)相对湿度(阴影)及温度(等值线,℃)沿 39.1°N 的剖面(红色圆点表示塘沽站,红色三角形表示 A 平台,蓝色粗虚线表示塘沽站所在的经度,红色粗虚线表示 A 平台所在的经度)

日 00 时,模拟大雾已经产生,并在华北地区西南部沿海岸线呈西南—东北走向,之后大雾继续发展,4 日后半夜,模拟雾区蔓延至整个山东省及辽东半岛,但渤海湾整体雾区均出现于沿岸地区或近海区域,并未完全入海,14 日白天模拟雾区基本消散,SST_CTRL 组结果与观测结果高度吻合。当输入海温增加 5% 后,雾区分布与对照试验结果基本一致,但近海区雾区进一步消失(图 5.10)。而当输入海温降低 5% 后,整个雾区从大雾产生阶段就已蔓延至整个渤海湾,并长时间维持,14 日夜间,整个海面仍存在大面积雾区(图 5.11)。可见,较高的海温确实是导致本次大范围陆雾未能入海的主要原因。

5.2.3.3　海陆近地层气象要素差异

研究表明,地面气象要素变化对雾的形成及维持有直接影响,赵玉广等(2015)统计京津冀连续性大雾过程地面要素特征发现,或 2 m 气温为 −6～−2 ℃、相对湿度为 91%～97%、风速为 1～2 m/s 时,有利于连续性大雾形成和维持。选取塘沽站和 A 平台分别作为渤海西海岸陆地和近海的代表站,分析大雾发生前及维持期间地面气象要素的演变对海岸带大雾局地形成的影响。

2016 年 12 月 4 日大雾发生前及期间,塘沽站和 A 平台气压变化趋势一致,均为先升后降,最大气压差为 3.8 hPa(图 5.12a),塘沽站位于地面低压后部,02—15 时以偏北风为主,风速最大为 2.3 m/s,在弱冷空气降温及辐射降温共同作用下,气温快速降低,07 时降至 −0.2 ℃,

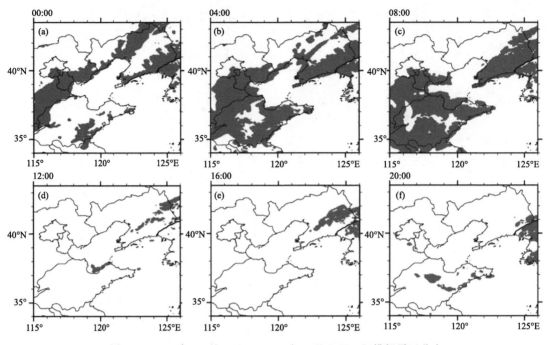

图 5.9　2016 年 12 月 4 日 00—20 时 SST_CTRL 组模拟雾区分布

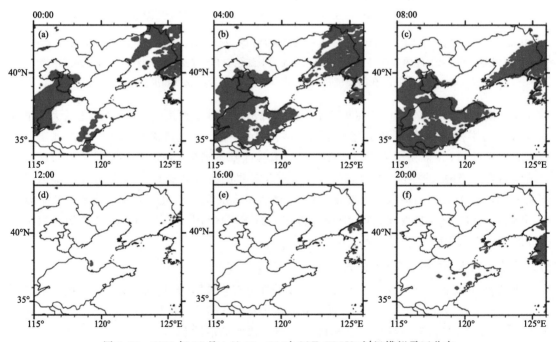

图 5.10　2016 年 12 月 4 日 00—20 时 SST_PLUS5％组模拟雾区分布

达到最低;02—07 时温差达到 5.5 ℃,辐射降温为陆雾形成提供冷却条件,气温逐渐接近露点,有利于水汽呈饱和状态产生凝结,02—08 时相对湿度由 75％快速上升至 99％,高湿大气状态一直维持至 17 时,水汽长时间积累为陆雾发展提供必要的水汽,而 A 平台位于地面低压中心附近,02—09 时以西南风为主,持续西南风不断将水汽输送到近海上空,风速最大为

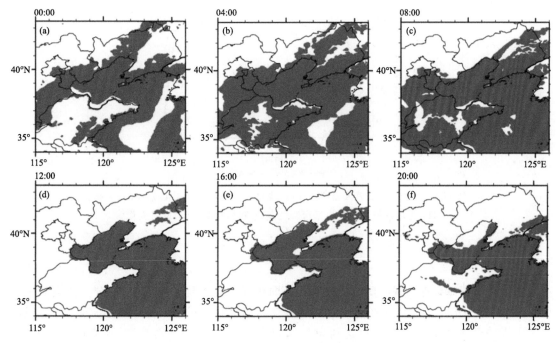

图 5.11　2016 年 12 月 4 日 00—20 时 SST_MINUS5％组模拟雾区分布

5.1 m/s,但由于海洋温度变化小,18 h 温度变化幅度仅为 1.8 ℃,相对湿度 4 日 14 时才开始大于 90％,由于气温下降幅度较小,使水滴凝结的冷却条件不足及相对湿度上升滞后,当相对湿度达到最大值 98％时,又遇东北较强冷空气过境,风速增强至 8 m/s,迅速驱散了底层湿空气,失去了海雾形成的条件(图 5.12b~d)。

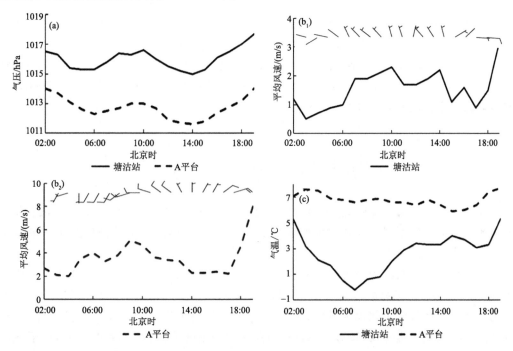

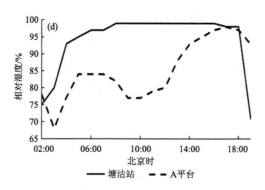

图 5.12　2016 年 12 月 4 日 02—19 时塘沽站与 A 平台气压(a)、风向、风速
（b_1 为塘沽站，b_2 为 A 平台）、气温(c)和相对湿度(d)逐时变化

5.2.4　小结

　　根据渤海西海岸雾出现时间的先后顺序及向对岸是否蔓延的演变趋势，分为四类海岸带大雾类型，统计分析了 2015—2020 年渤海西海岸雾海陆局地分布特征，发现陆雾未入海或海雾未上岸的事件出现概率大，分别达到 64% 和 80%，其次是陆雾入海类型，海雾上岸类型出现概率最小，并以冬季一次大范围内陆大雾为例分析同一弱低压环流背景下大范围陆雾未入海的原因，得到以下结论：

　　(1)陆雾在秋冬季多于海雾，而春夏季相反，冬季虽然海岸线两边雾均多且趋势一致，但局地性仍很明显，陆雾未入海、海雾未上岸日数在春、冬季差值最大，陆雾未入海类型夜间出现频率比海雾未上岸类型高出 20%，维持时间少于 12 h 的陆雾未入海类型比海雾未上岸类型高出 25%。

　　(2)海陆热力差异导致的次级环流是使得处在同一大尺度气压环流背景下海岸带大雾以海岸线为分界分布差异的主要原因，较高的海温导致陆雾东移入海即消散。

　　在分析 2015—2020 年渤海西海岸雾的海陆分布差异特征的基础上，本节只是着重对 2016 年 12 月 4 日一次陆雾未入海过程的成因进行了剖析，陆雾入海、海雾未上岸及海雾上岸等类型雾的发生机制并未涉及，还有待进一步深入研究。

5.3　海洋动力差异影响环渤海大雾分布

　　海洋对环渤海大雾的影响，除了热力差异外，海面和周边城市下垫面的动力差异也可能影响该地区大雾的生消发展。模式配置见 5.2.3.2 节，利用敏感试验结果分析海陆下垫面动力差异对环渤海大雾的影响。

　　将渤海海洋下垫面改为城市下垫面后(图 5.13)，渤海及周边区域近地层的液态水含量上升了(图 5.14a、d)，但渤海海雾高度明显下降(图 5.14b、e)。与此同时，渤海下垫面的变化还影响到距离渤海更远的东北地区雾区(图 5.14c、f)，同样造成东北地区雾水浓度上升，但雾顶高度下降。在大雾发生之前，敏感性试验和对照试验的温度垂直廓线差异较小，但敏感性试验中粗糙度的增大导致湍流增强，敏感性试验中的温度层结更接近对流边界层(图 5.15a)。因此，

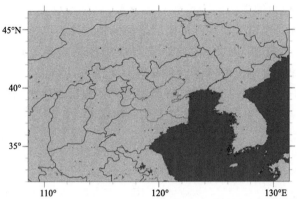

图 5.13 将渤海下垫面改为陆地的示意图,红色代表陆地,紫色代表海洋
(修改后的土地利用类型为城市下垫面)

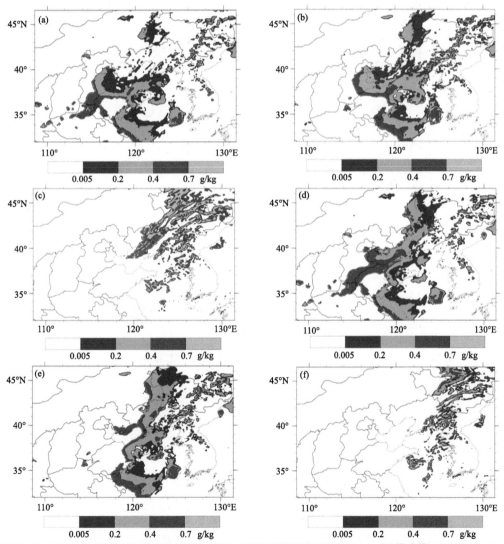

图 5.14 18 日 23 时对照试验的液态水含量((a)对照试验近地层(约 10 m);(b)模式第 4 层(约 70 m);
(c)模式第 13 层(约 285 m)),(d)、(e)、(f)为与(a)、(b)、(c)相应高度敏感性试验(改变渤海下垫面)的结果

傍晚时分,敏感性试验模拟的逆温层高度较对照试验高,逆温强度较对照试验小(图5.15b),大雾更不容易形成。而对照试验在大雾形成后地面的辐射降温迅速减小,同时由于雾层较薄,雾顶的辐射冷却效应还较弱,因此,在近地层与敏感性试验迅速形成了超过 2 ℃的温差(图5.15c)。18 日 12 时,由于位于 A 平台的海雾并未消失,因而这一温差在第 2 天傍晚逐渐增大到 4 ℃,受海洋的热力抬升作用影响,对照试验的逆温层顶逐渐抬升到 600 m 左右,雾底

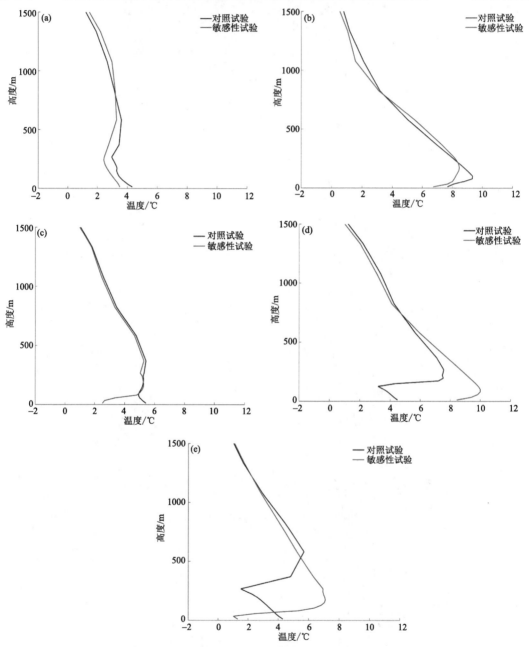

图 5.15　A 平台站不同时次的温度垂直廓线,黑色实线为对照试验结果,红色实线为渤海海洋
下垫面修改为城市下垫面后的敏感性试验结果

(a)17 日 00 时;(b)17 日 12 时;(c)18 日 00 时;(d)18 日 12 时;(e)19 日 00 时

湍流的增强促进了雾的垂直发展,但液态水含量也随着湍流的向上输送而降低。与此相反,敏感性试验则形成了 3 ℃/(100 m)强度的贴地逆温,逆温层顶较低,因此,大雾在逆温层底部形成。敏感性试验和对照试验的比湿廓线差异较小,且主要集中在边界层低层,由于海洋蒸发较土壤大,因此,敏感性试验中近地层的比湿较对照试验小 0.7 g/kg(图 5.16a～c)。在大雾形成后,由于水汽凝结的位置比湿较小,因此,敏感性试验和对照试验在边界层中低层存在一些差异。敏感性试验逆温层较低,在大雾形成时,1000 m 以下表现较均匀的比湿分布,比湿值在

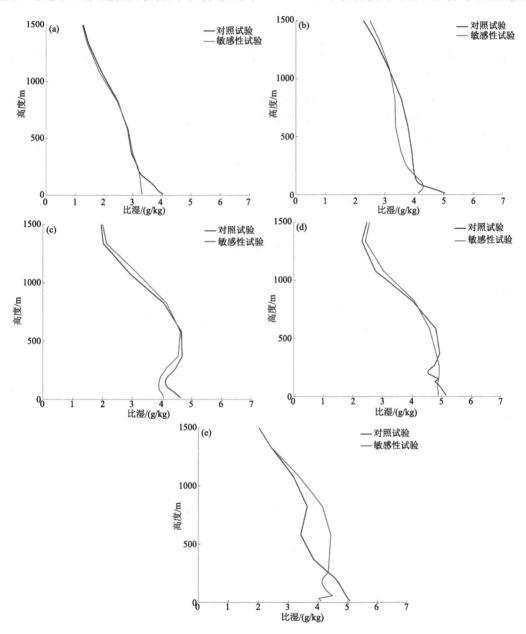

图 5.16　A 平台站不同时次的比湿垂直廓线,黑色实线为对照试验结果,红色实线为渤海海洋下
垫面修改为城市下垫面后的敏感性试验结果

(a)17 日 00 时;(b)17 日 12 时;(c)18 日 00 时;(d)18 日 12 时;(e)19 日 00 时

4.5 g/kg左右,而对照试验中的比湿在近地层最高(大于 5 g/kg),而随着高度的上升比湿下降(图 5.16e)。

5.4　海洋水汽蒸发对环渤海大雾的影响

5.4.1　模式设置与试验设计

为探讨渤海"海效应"中的水汽输送对渤海西岸大雾的定量影响,在对照试验(CTL)基础上,设计了渤海海洋蒸发减少 90% 的敏感性试验(EXP)。

本节模式内核采用 WRF-ARW4.0.1 版,模式配置见 5.2.3.2 节,模拟时长为 48 h,积分步长 30 s,为了更好地模拟出浅薄的边界层东风平流,设置垂直方向为 53 层,其中 1 km 以下为 23 层(η = 1.000, 0.997, 0.994, 0.991, 0.988, 0.985, 0.982, 0.979, 0.976, 0.973, 0.970, 0.967, 0.964, 0.9602, 0.9564, 0.9526, 0.9488, 0.945, 0.9412, 0.9265, 0.9118, 0.8971, 0.8824),模式最低层高度在 10 m 左右。模拟起始时间为 2007 年 10 月 16 日 08 时。

5.4.2　雾天气回顾

2007 年 10 月 16 日入夜后,近地层水平能见度持续下降,2007 年 10 月 17 日 02—08 时在渤海西岸形成分散雾区(图 5.17a)。由于主要受偏东风气流影响(图 5.17b),雾区集中于天津至河北中南部,呈长条带状分布,雾带东西长约 300 km、南北宽约 50 km。从天津铁塔观测的 16 日 08 时至 17 日 12 时 220 m、120 m、10 m 高度的相对湿度和近地层 2 m 能见度情况可以看到,16 日 18—22 时,各层相对湿度均由 40% 迅速上升至 90%。22 时后,220 m 高度的相对湿度呈下降趋势,120 m、10 m 高度的相对湿度则稳中有升,同时伴随地面水平能见度由 5 km 持续下降。至 17 日 06 时,2 m 相对湿度达到 92%,能见度降低到 1 km 以下,大雾天气形成(图略)。随着时间推移,能见度继续下降,07 时水平能见度已不足百米。此后大雾在 08 时 40 分前后消散。

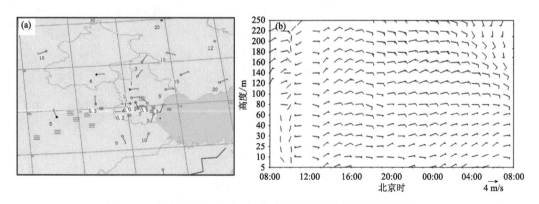

图 5.17　MICAPS17 日 08 时地面雾区面积、能见度及风矢量(a);
天津铁塔 16 日 08 时至 17 日 08 时塔层 250 m 高度内的风向、风速(b)

2007 年 10 月 15 日 08 时 500 hPa 天气形势图上,华北地区处于极涡底部西北气流中,10月 15 日 20 时开始贝加尔湖地区有小股冷空气分裂向东北移动(图略)。因 925 hPa 以上高空均为高压脊控制,没有产生明显的阴雨(雪)天气(图 5.18a)。16 日分裂冷空气到达东北地区后,在海平面气压场上华北地区东部处于东北冷高压南部的偏东气流中(图 5.18b),此股气流从渤海迂回到华北平原,形成典型的回流天气,至 10 月 17 日 05—08 时,随着东北高压东移入海,蒙古低压进入东北地区西部,华北地区处于东移入海的东北低压和西南高压带两系统中间的弱气压区中(图略),天气晴朗,有利于夜间辐射降温。

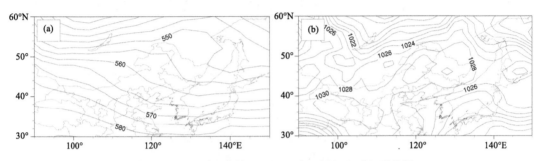

图 5.18 2007 年 10 月 16 日 08 时 MICAPS 天气形势场
(a)500 hPa 位势高度(单位:dagpm);(b)海平面气压(单位:hPa)

5.4.3 雾生消过程模拟重现

图 5.19 是观测(图 5.19a~e)和模拟(图 5.19f~j)的雾区随时间演变,对比可见,尽管某些时次雾区模拟在细节上和观测存在偏差,但关注的渤海西岸大雾其落区、起始时间均与实况非常一致,尤其是偏东风影响下,雾带西伸的位置与观测也有较好的对应。由于大雾形成与近地层温湿度关系密切,因此,也检验了天津站高度 2 m 温度和露点温度随时间演变的模拟结果。结果表明,模拟温湿度的日变化与观测基本一致,虽然在起始阶段模拟和观测的露点温度

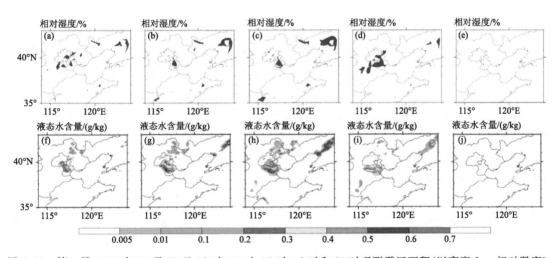

图 5.19 第一排:2007 年 10 月 17 日 02 时、04 时、06 时、08 时和 10 时观测雾区面积(以高度 2 m 相对湿度>95%代表);第二排:2007 年 10 月 17 日 02 时、04 时、06 时、08 时和 10 时模拟雾区面积(以模式最低层液态水含量>0.005 g/kg 代表)

存在较大偏差,但在大雾的形成发展阶段,温度正偏差和露点温度负偏差均不超过 1 ℃(图5.20)。因此,模拟数据可用于此次大雾的形成机理研究,渤海"海效应"以及相伴随的水热输送对此次大雾的定量贡献和影响程度将在下一节中分析。

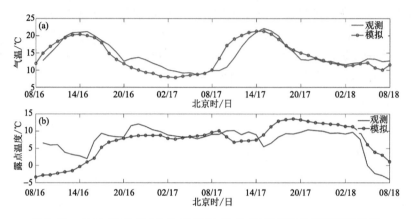

图 5.20　2007 年 10 月 16 日 08 时至 18 日 08 时天津站观测(OBS)和
模拟(SIM)得到的 2 m 温度(a)、露点温度(b)对比

5.4.4　低层回流东风对渤海西岸大雾的定量贡献

图 5.21 是模拟的渤海区域不同时刻 1000 hPa 高度水汽和温度平流。16 日 09 时,冷空气自东北平原南下,以 10 m/s 的风速流经渤海海面,随后折向渤海西岸,与之伴随的是中部海域超过 14 g/(cm・hPa・s)的水汽输送(图 5.21a)和强度达到 -4×10^{-4}℃/s 的冷平流(图 5.21e)。随着时间推移,冷平流逐渐减弱(图 5.21f),甚至在渤海西部转为弱暖平流(图 5.21g、h)。水汽通道长 550 km,宽 110 km 左右,横跨渤海中北部海域,在雾前的 16 日 20时(图 5.21b)和雾中的 17 日 02 时(图 5.21c)依然维持较大的水汽输送强度。雾的落区(图5.19f)与水汽平流侵入渤海西岸的位置(图 5.21c)基本一致(略偏南)。17 日 06 时回流风速降低到 6 m/s,水汽平流随之减弱(图 5.21d),此时河北南部的西南气流增强并逐渐北抬,在天津中南部地区转为东南气流,伴随着增强的东南气流和减弱的东北气流在天津中部地区辐合,雾区面积不断扩大,但辐合气流带来的雾顶抬升也造成地面液态水含量降低(图 5.19i),大雾呈消散趋势(图 5.19j)。925 hPa 高度以上的偏东风热量、水汽输送均不明显(图略)。

图 5.22 给出了天津站各时刻的比湿、气温和风速廓线,用来分析偏东风持续强水汽输送和弱温度输送对渤海西岸边界层结构的影响。可以看到,16 日 09 时近地层比湿只有 3 g/kg(图 5.22a),气温接近 18 ℃(图 5.22b),此时地面风速较小,边界层整层风速均不超过 3 m/s(图 5.22c)。伴随着持续的偏东风水汽输送,到 16 日 20 时,100 m 以下的近地层比湿超过6 g/kg,其上边界层比湿也超过 4.5 g/kg,受夜间辐射降温和弱冷平流影响,近地层形成强度为 3 ℃/(100 m)的逆温层。此时边界层最大风速在 100 m 高度达到 5.5 m/s。随着时间推移,逆温层不断下降,比湿持续升高,到 17 日 06 时在 60 m 以下形成湿绝热层,此时天津站模拟大雾形成(与观测一致,图 5.19c),此时地面比湿为 7 g/kg,温度降低到 8.3 ℃,风速很小。此后受东北气流和东南气流辐合影响(图 5.21d),08 时逆温层略有抬升,边界层最大风速在200 m 高度上下。由此可见,持续的偏东风水汽、热量输送影响了边界层低层,主要起到增湿

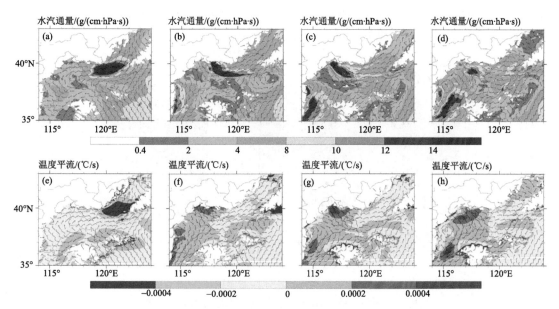

图 5.21　第一排:模拟的 1000 hPa 水汽平流 (a)10 月 16 日 09 时;(b)10 月 16 日 20 时;
(c)10 月 17 日 02 时;(d)10 月 17 日 06 时;第二排:模拟的 1000 hPa 温度平流(e)、(f)、(g)、
(h)与(a)、(b)、(c)、(d)时间分别对应

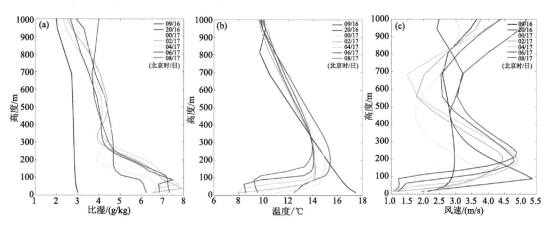

图 5.22　天津站不同时刻
(a)比湿廓线;(b)气温廓线;(c)风速廓线

近地层的作用。因此,非常有必要定量了解水汽输送对雾水凝结的贡献和影响程度。

5.4.4.1　水汽输送对回流大气的影响

为了探究东北冷空气回流背景下水汽平流的定量贡献和作用,用"箱体"模型描述天津大雾出现范围(38.5°—40.25°N,116.5°—118.0°E)内的水汽收支随时间变化。图 5.23 给出了模型四个边界的水汽通量,计算公式如下:

$$Q = \int_{z_s}^{z_t} \int_{x_1}^{x_2} (\rho q_v V_n) \mathrm{d}x\mathrm{d}z \tag{5.1}$$

式中,ρ、q_v、V_n 分别代表空气密度、水汽混合比和风矢量。水平积分从 x_1 到 x_2,垂直积分从地

面 z_s 到 $z_t = 200$ m。设流入"箱体"模型的通量为正值。"箱体"的水汽辐合相当于离开"箱体"顶部(200 m)的水汽通量,代表低层向上的动力强迫抬升。

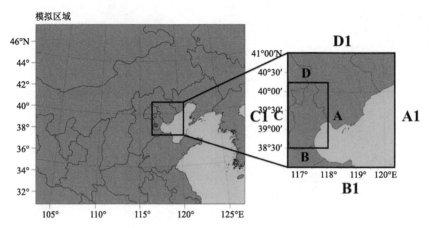

图 5.23　WRF 试验设置模拟及箱体区域标识,红色圆点代表大气
边界层观测铁塔位置,右侧大框代表天津特别关注区域

由图 5.24 可知,"箱体"A 边界的水汽流入量(红色曲线)比其他 3 个界面的水汽量大得多,并且从 16 日 08 时到 17 日 11 时一直为正,该时段近地层基本为 2 m/s 的偏东风控制(图 5.21b)。水汽输送自 16 日 17 时开始显著增大,21 时达到峰值,此后虽然缓慢下降,但一直维持在较高水平。

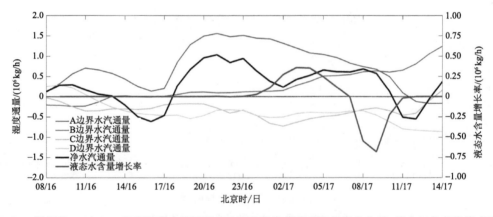

图 5.24　模拟的 0~200 m 高度层内水汽通量和 LWC 增长率随时间的变化曲线,其中红色实线代表穿过诊断方框(图 5.23)A 面的水汽通量;紫色实线代表穿过 B 面的水汽通量;绿色实线代表穿过 C 面的水汽通量;青色实线代表穿过 D 面的水汽通量;黑色实线代表净辐合的水汽通量;蓝色实线代表 LWC 的增长率

"箱体"范围内的净水汽辐合(黑色曲线)与 A 边界的水汽流入量在雾形成前有相同的变化趋势,且它们都在 16 日 21 时达到峰值,这表明 A 边界的偏东风水汽流入量在净水汽辐合中起最重要的作用。17 日 02 时前后净水汽辐合存在一个正的弱低值,这可能与该时刻渤海西岸大雾形成,大量水汽凝结消耗了一部分净水汽通量有关;也有可能是因为 B 边界(紫色曲线),即南风气流的增强在"箱体"区域与偏东气流形成辐合切变线,抬升作用造成 200 m 以下的"箱体"低层净水汽通量减小,同时雾顶发生抬升,此时净水汽通量的弱低值正对应 LWC 增

长率(蓝色实线)的峰值。

就"箱体"四个边界的通量变化在大雾形成中的相对贡献而言,A 边界的水汽流入量在雾前和雾中一致维持较高量级,最大达到 1.5×10^6 kg/h,B 边界的水汽流入量在雾形成的 17 日 02 时开始出现明显增大,但一直到雾过程结束(08 时 40 分),其最大值也不超过 0.6×10^6 kg/h,C 边界和 D 边界则基本为水汽流出边界,通量值维持在 -0.5×10^6 kg/h 左右。这表明实际上主要是由东北冷空气回流贡献雾水凝结所需的水汽,南风气流虽然在 17 日 02 时后开始增强,但主要起到辐合抬升的触发作用,在近地层雾形成期间的水汽贡献相对较小。

为了更清楚地了解东、南、西、北四个方向水汽通量在大气低层的分布,给出不同时刻四个边界的垂直水汽通量剖面(图 5.25)。考虑到图 5.24 诊断的"箱体"模型过小,仅覆盖了天津地区,为了更清楚地看清较宽的水汽输送带,图 5.25 扩展"箱体"模型的范围到($38.0°-41.0°N$,$116.5°-121.5°E$),东、南、西、北四个边界分别重新定义为 A1、B1、C1、D1 边界(图5.23)。

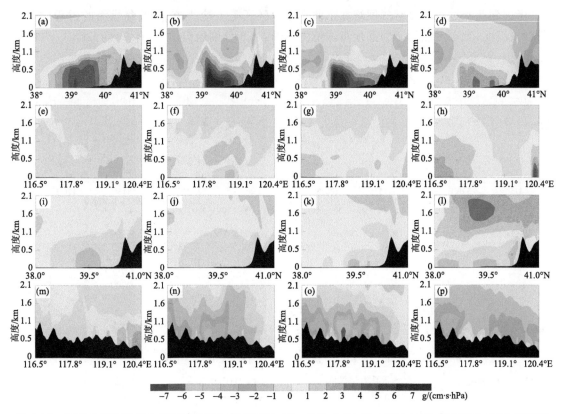

图 5.25 通过诊断区域四个平面的水汽通量(阴影):第一排为 A 面、第二排为 B 面、第三排为 C 面,第四排为 D 面;(a)16 日 12 时、(b)16 日 18 时、(c)16 日 21 时、(d)17 日 06 时;(e~h)、(i~l)、(m~p)分别与(a~d)时间对应

图 5.25 分别显示了 16 日 12 时(图 5.25a~d)、16 日 18 时(图 5.25e~h)、16 日 21 时(图 5.25i~l)、17 日 06 时(图 5.25m~p)四个时次 A1、B1、C1、D1 边界的水汽通量剖面。16 日 12 时,在偏东主导风向下,大部分水汽通过 A1 边界进入"箱体",最强水汽通量在 300 m 以下,强水汽通量可延伸到 600 m 高度(图 5.25a)。随着时间推移,虽然偏东气流的水汽输送带收窄,但水汽输送呈逐渐增强趋势(图 5.25b),16 日 21 时 400 m 以下水汽通量超过 7 g/(cm・s)

（对应图 5.24 峰值），此后伴随着主导风向偏转和风力减弱（图 5.22），水汽输送量逐渐降低，但依然为正贡献（图 5.25d）。16 日 18 时后，B1 边界在 1500 m 高度以下有逐渐增强的弱水汽输送，强中心在 600 m 左右，这代表了西南气流前缘的水汽贡献（图 5.22），但相较 A1 边界的水汽流入量仍然小得多。C1、D1 边界则均以水汽流出为主，D1 边界在 16 日 21 时（图 5.25o）和 17 日 06 时（图 5.25p）出现在山体表层浅薄的弱正水汽平流可能与夜间的下坡流有关，D1 的边界层整层依然以水汽流出为主。

到目前为止，所有的研究内容都表明，东北冷空气回流引导的偏东水汽输送贡献了大雾形成所需的主要水汽，南风气流虽然在 17 日凌晨开始增强，但主要起雾形成的动力触发作用，对水汽贡献相对较小。本次个例中偏东气流在 16 日 18 时至 17 日 08 时均维持较强的水汽输送，使得渤海西岸近地层湿度迅速升高（图 5.21b），为大雾的最终形成提供了基础。

5.4.4.2 渤海海气温差与蒸发通量对回流大气的影响

考虑到此次过程的冷空气回流在东北平原地区还是干冷气流，在流经渤海的过程中发生了变性，因此，重点关注渤海的局地海洋情况。图 5.26 分别给出了 16 日 09 时、15 时、23 时和

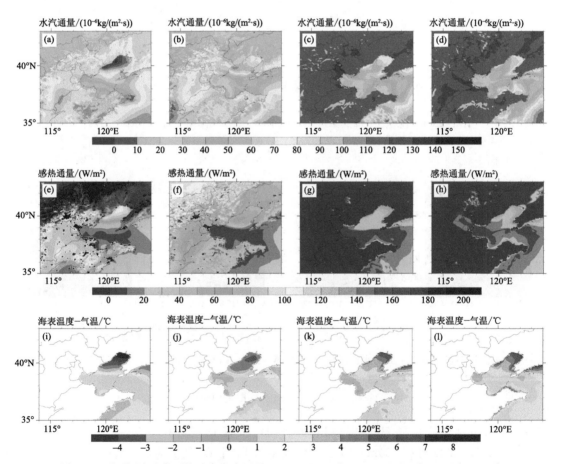

图 5.26　海洋/陆地表面的垂直水汽通量：(a)16 日 09 时；(b)16 日 15 时；(c)16 日 23 时；(d)17 日 06 时；海洋/陆地表面的感热通量(e~h)分别与(a~d)时间对应；海气温差（海表面温度−2 m 气温）(i~l)分别与(a~d)时间对应

17 日 06 时模拟的海洋/陆地表面的水汽通量、感热通量和海气温差(海表温度－气温)分布,可以发现 16 日白天,在渤海北部海域存在超过 $1×10^{-4}$ kg/(m²·s)的强水汽垂直通量(图 5.26a)和 100 W/m² 的弱感热通量(图 5.26e),对应此时海气温差为 5~8 ℃(图 5.26i),说明该区域存在明显的水热交换,是回流气团变性的关键区域。暖海面与底层冷空气进行了大量的水热交换,冷空气在经过暖海面一段时间之后,冷平流强度减弱甚至变为暖平流,同时海面向上蒸发的水汽通过垂直输送到底层大气,使得原本干燥的空气变得潮湿,形成水汽平流输送带并随着东北回流侵入渤海西岸逐渐影响天津地区。随着海气温差的缩小(图 5.26j),水汽通量和感热通量都呈减弱趋势(图 5.26b、f)。即使如此,渤海夜间的垂直水汽通量仍是陆地的 2~7 倍数量级(图 5.26c、d),渤海北部垂直水汽通量在 $5×10^{-5}$ kg/(m²·s)以上,渤海西部也达到了 $2×10^{-5}$ kg/(m²·s),而夜间陆地垂直水汽通量普遍低于 $1×10^{-5}$ kg/(m²·s),甚至转为负值。这表明,渤海海洋的海气温差以及导致蒸发的阈值变化会改变东北冷空气回流的温湿属性,从而影响渤海西岸大雾的生消演变。

　　为直接分析渤海蒸发水汽变化对渤海西岸大雾生消演变的影响程度,以上述数值模拟作为对照试验(CTL),设计改变蒸发强度的敏感性试验(EXP),将海洋的表面蒸发系数乘以 0.1,陆地蒸发系数不变。为了验证敏感性试验效果,图 5.27 给出了表面垂直水汽通量的水平分布,可以看到调小海洋蒸发系数后和对照试验(CTL)相比(图 5.26),渤海的垂直水汽输送明显减小 1 个数量级。另外,图中也给出了 A 平台海洋站(图 5.28)和天津陆地站(图 5.29)垂直水汽通量和感热通量的对比结果。由于只改变了海洋站的蒸发强度,因此,A 平台站 EXP 和 CTL 模拟的感热通量基本没有区别,只是垂直水汽通量发生了明显的变化,从图 5.28a 可以看到,垂直水汽通量平均小 1 个数量级;由于没有改变陆地蒸发强度,天津站 EXP 和 CTL 给出的垂直水汽通量和感热通量基本一致(图 5.29),EXP 模拟的感热通量在 17 日 02—11 时比 CTL 略低,垂直水汽通量略高,这是由于雾形成与否的差异,EXP 在 17 日 02—08 时基本没有成雾(图 5.30)。

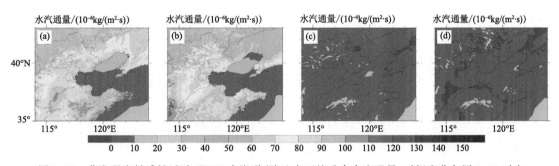

图 5.27　蒸发强度敏感性试验(EXP)中海洋/陆地表面的垂直水汽通量,时间变化与图 5.26 对应

　　水汽收支诊断表明(图 5.31),EXP 模拟的"箱体"A 边界的水汽流入量比 CTL 在 16 日 17 时至 17 日 07 时小得多,导致"箱体"范围内的净水汽辐合峰值仅为 $5×10^{5}$ kg/h,比 CTL 的 $1.0×10^{6}$ kg/h 小一半,LWC 增长率几乎为 0,即 EXP 没有模拟出大雾的形成。敏感性试验证实了大雾形成的基础条件——水汽的确是由东北冷空气回流引导的水汽输送贡献,其直接决定了渤海西岸大雾能否形成。渤海"海效应"为该天气背景下大雾形成的关键因素,"海效应"的水汽垂直交换会改变东北冷空气回流的湿度属性,进而影响渤海西岸大雾的形成。

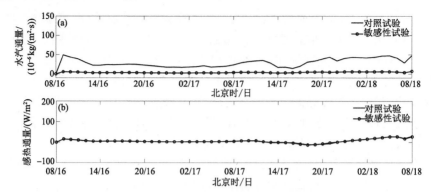

图 5.28　EXP 和 CTL 模拟的 A 平台站表面感热通量和垂直水汽通量随时间变化对比

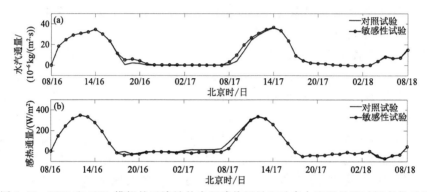

图 5.29　EXP 和 CTL 模拟的天津站的表面感热通量和垂直水汽通量随时间变化对比

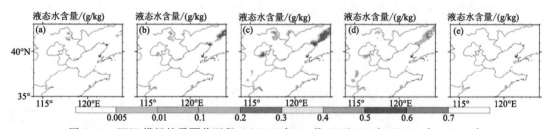

图 5.30　EXP 模拟的雾覆盖面积 (a)2007 年 10 月 17 日 02 时、(b)04 时、(c)06 时、(d)08 时、(e)10 时(以模式最低层液态水含量＞0.005 g/kg 代表)

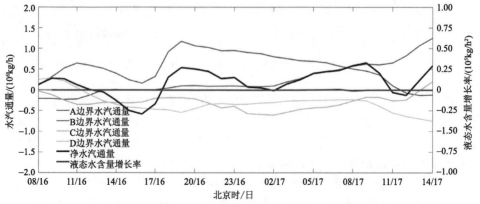

图 5.31　EXP 模拟的 0～200 m 高度层内水汽通量和 LWC 增长率随时间的变化

5.4.5　小结

渤海"海效应"对渤海沿岸的诸多天气现象都有影响,冷空气流经暖海面时暖水体与低层冷空气通过湍流与蒸发过程进行热量和水汽交换,变性气团进一步侵入海岸带形成大雾、暴雪和雷雨等天气现象,WRFv4.0.1对渤海"海效应"导致的环渤海大雾过程有较好的预报能力。本节借助数值模式深入分析了渤海"海效应"与渤海西岸大雾的内在联系以及东北冷空气回流引导的偏东风水汽输送对渤海西岸雾水凝结的贡献,发现与渤海"海效应"暴雪、雷雨等天气将预报着眼点聚焦于动力、热力触发条件不同(杨成芳,2010;郑怡,2013),渤海"海效应"对渤海西岸大雾的主要贡献是渤海蒸发和东北回流引导下的平流水汽输送。具体研究结果如下:

(1)东北回流引发的强水汽平流和弱温度平流在 925 hPa 高度以下主要起增湿近地层的作用,边界层最大风速位于 $100\sim200$ m 高度,强度达到 5.5 m/s,高度 2 m 比湿随着偏东气流的持续输送不断升高,积累到 7 g/kg 左右时渤海西岸大雾形成。

(2)通过对渤海西岸"箱体"水汽收支的分析,发现华北回流引发的东风水汽平流对渤海西岸大气边界层水汽积累做主要贡献,该方向水汽通量在 16 日 17 时显著增大,21 时峰值达到 1.5×10^6 kg/h;对应液态水含量增长率在 17 日 03 时达到最大。南风水汽平流虽然在雾形成后开始增强,但水汽输送量较小,主要起到雾过程中的辐合抬升作用。

(3)通过分析海洋/陆地表面的水汽通量、感热通量和海气温差分布,发现渤海北部海域存在超过 1×10^{-4} kg/(m²·s)的强水汽垂直通量和 100 W/m² 的弱感热通量,对应此时海气温差 $5\sim8$ ℃,说明该区域存在明显的水热交换,是回流气团变性的关键区域。改变蒸发强度的敏感性试验进一步证明,大雾形成所需的水汽确实是由回流引发的偏东水汽平流贡献,减弱渤海"海效应"的水汽垂直通量,渤海西岸的净水汽通量将减小一半,渤海西岸大雾将不能形成。

5.5　本章小结

统计分析 2015—2020 年渤海西岸近海海雾及陆雾分布特征,发现冬季和春季渤海西岸雾具有明显的局地特征,尤其夜间短历时雾的局地性特征更强,陆雾未入海和海雾未上岸频率全年平均分别占 64% 和 80%。海雾及陆雾未能跨越海岸线的众多影响因素中,海陆热力差异对雾的形成与否是主要因素,海洋和周边城市下垫面的动力差异会对雾浓度和雾层厚度有明显影响,另外,海洋水汽蒸发配合偏东风的输送,有利于加湿沿岸低层大气,使得夜间辐射降温合力作用下容易形成陆地浓雾。

第 6 章

环渤海雾微观物理结构及对能见度的影响

6.1 雾微物理特征研究

6.1.1 观测试验与资料处理情况介绍

2016 年 11 月至 2017 年 1 月,在天津市大气边界层观测站(TSOS)开展了针对雾/霾天气的加强探测试验,评估雾爆发增强发生的原因。TSOS 位于中国华北平原中部,东边为渤海,距其西岸直线距离 50 km。与中国其他几个雾观测试验区的雾滴谱特征做了对比,对比站分别为:南京北郊(NJNS)、广东湛江(GDZJ)、北京(BJ)、南京机场(NJA)和广东茂名(GDMM)。

表 6.1 列出了从 TSOS 获得资料的仪器及其参数,包括仪器名称、制造商、型号、安装高度和采样率。前向散射能见度仪(MODEL6000)测量能见度,雾滴谱仪(FM120)提供雾滴数浓度(N_d)、液态水含量(LWC)和雾滴直径(D)的测量值。FM120 可测量的最小粒径为 3.5 μm($>$2.5 μm),因此,假设 FM120 测得的数浓度数据均为雾滴数浓度,而非气溶胶颗粒(PM$_{2.5}$)数浓度。环境颗粒物监测仪可提供 PM$_{2.5}$ 浓度($C_{PM2.5}$)。DZZ5 自动气象站提供地面空气温度(T_a)、露点温度(T_d)、比湿(q_v)、气压(p)、风向和风速。DZZ6 自动气象站安装在高度 255 m 气象塔的 15 个高度层,分别提供 5 m、10 m、20 m、30 m、40 m、60 m、80 m、100 m、120 m、140 m、

表 6.1　雾分析中使用的仪器及其测量值

仪器名称	制造商	型号	安装高度	时间分辨率	观测要素
雾滴谱仪	DMT,USA	FM-120	2 m	1 s	N_d,LWC,D
前向散射能见度仪	Belfort,USA	MODEL6000	2 m	1 min	Vis
颗粒物监测仪	Thermo,USA	TEOM	2 m	1 h	$C_{PM2.5}$
自动气象站	Huayan Sounding, China	DZZ5	2 m	1 min	Wind,T_a,p, T_d,q_v
自动气象站 (布设在气象铁塔)	Zhonghuan TIG, China	DZZ6	15 层(5 m,10 m,20 m,30 m,40 m, 60 m,80 m,100 m,120 m,140 m, 160 m,180 m,200 m,220 m,250 m)	1 min	T,RH,Wind
声波风速仪 (布设在气象铁塔)	CAMPBELL,USA	CSAT3	40 m	0.1 s	u,v,w

160 m、180 m、200 m、220 m 和 250 m 高度的温度(T)、相对湿度(RH)、风速和风向。声波风速温度计(CSAT3)安装在同一塔的 40 m 高度处,提供三维风分量(u、v、w)和 T。此外,NCEP/NCAR 1°×1°6 h 间隔的再分析资料(http://www.nomad2.ncep.noaa.gov)用于分析雾过程。加强观测试验期间,TSOS 共经历了 8 次雾过程。这些个例是根据中国气象局的综合气象信息服务系统 CIMISS(China Integrated Meteorological Information Service System)数据库中天气现象和能见度资料确定的。根据中国国家标准《雾的预报等级》(GB/T 27964—2011),雾类型分为 3 类:①500 m≤能见度<1000 m 为一般雾;②50 m≤能见度<500 m 为浓雾;③能见度<50 m 为强浓雾。基于此,8 次过程(Case)可归类如下:Case(个例)1 和 7 为一般雾,Case 2、4、5、6、8 为浓雾,Case 3 为强浓雾。

雾过程各阶段的划分以能见度作为判别标准,雾过程可分为形成阶段(能见度从1500 m 下降到 1000 m)、发展阶段(介于雾形成后到成熟两阶段之间)、成熟阶段(能见度下降到最低值后维持少变,且连续时长超过半小时)、消散阶段(从最低能见度开始明显回升至 1000 m)。除 Case 1 和 7 外,其他 6 次雾过程在发展阶段均出现了爆发性增强现象。

根据气象行业标准《霾的观测和预报等级》(QX/T 113—2010),当 $C_{PM2.5}$ 超过 75 $\mu g/m^3$ 时,即发出霾预警。8 个个例的 $C_{PM2.5}$ 均在 75 $\mu g/m^3$ 以上,基于此,研究的所有个例都经历过霾过程。

里查森数(R_i)用于表征大气稳定度,它与热稳定性和动力稳定性有关(Gultepe et al.,1995;Thorpe et al.,1989),其计算公式为:

$$R_i = \frac{g}{T} \frac{\dfrac{\partial \theta}{\partial z}}{\left(\dfrac{\partial u}{\partial z}\right)^2} \tag{6.1}$$

式中,g 和 T 分别为重力加速度和温度,公式的分子为热稳定度(高度 z)和位温(θ),分母为动态不稳定度,u 为水平风速。该公式也可以写成 T 梯度的函数(Galperin et al.,2007),其中 R_i 称为经典里查森数。$R_i = 0.25$ 为阈值,代表中性大气(Yague et al.,2006),R_i 大于或小于 0.25 分别表示稳定和不稳定条件。

为了明确湍流动能(TKE)和摩擦速度(u_*)对雾爆发增强的影响,TKE 和 u_* 分别用公式(6.2)和公式(6.3)(Stull,1988)计算获得:

$$TKE = \frac{1}{2}(\overline{u'^2} + \overline{v'^2} + \overline{w'^2}) \tag{6.2}$$

$$u_* = (\overline{u'w'^2} + \overline{v'w'^2})^{1/4} \tag{6.3}$$

式中,u'、v' 和 w' 分别是 u、v 和 w 的波动。此外,利用三维风分量的平均值研究了平均动能(MKE):

$$MKE = \frac{1}{2}(\overline{u}^2 + \overline{v}^2 + \overline{w}^2) \tag{6.4}$$

以往研究表明,雾滴的平均谱型通常服从荣格(Junge)分布(Cachorro et al.,1993)或广义伽马分布(Hao et al.,2017)。Junge 分布公式为:

$$N_d = a D^{-b} \tag{6.5}$$

式中,a 为形状参数,b 为逆尺度参数。拟合系数(R^2)的计算公式为:

$$R^2 = \frac{\text{SSR}}{\text{SST}} = \frac{\sum\limits_{i=1}^{n}(\hat{n}_i - \bar{n})^2}{\sum\limits_{i=1}^{n}(n_i - \bar{n})^2} \qquad (6.6)$$

式中,n_i代表N_d的逐档观测值,$\hat{n}_i$代表N_d的逐档回归值,$\bar{n}$代表N_d的平均值,SST 是$\hat{n}_i$与$\bar{n}$差的平方和,SSR 是n_i与$\bar{n}$差的平方和。公式(6.5)和式(6.6)中可分别用a_1、b_1、R_1^2和a_2,b_2,R_2^2来表示一般雾和(强)浓雾两类雾滴谱拟合的a、b和R^2。

6.1.2 天气背景介绍

纵观 8 次雾/霾过程的环流形势,其中 6 次过程高空被弱高压脊(Case 3、4、6、7 和 8)或弱高空槽(Case 5)控制,以纬向型环流为主,另外两次被强高压脊控制(Case1 和 2),为较强下沉气流。从地面气压场看,雾多发生在气压梯度很小的鞍型气压场(Case 4 和 5)和弱低(高)压系统中心(Case 1、2、3、6、7 和 8)附近(表 6.2)。大尺度环流背景综合分析表明,高空环流只要不存在明显的上升气流就不会对雾/霾过程生消造成影响,而低空尤其是近地层弱气压场的存在是雾/霾过程出现的必要和前提条件。图 6.1 给出了强浓雾个例(Case 3)的天气形势,其高低空气压场配置代表了渤海湾沿岸大范围雾/霾过程的典型高低空环流形势背景。

表 6.2 主要微物理参数、$C_{\text{PM2.5 max}}$和天气形势

序号	日期 (月/日)	天气形势 (高空+地面)	N_{max}/N_a /cm^{-3}	LWC$_{\text{max}}$/LWC$_a$ /(g/m^3)	D_{max}/μm	Vis$_{\text{max}}$/m	$C_{\text{PM2.5 max}}$ /(μg/m^3)
Case 1	11/4 上午	高压脊+ 蒙古高压前部	48/30	0.031/0.016	49	524~518	139
Case 2	11/4 下午至 11/5 下午	高压脊+弱低压	737/363	0.132/0.105	48	107~60	210
Case 3	12/19 下午至 12/20 上午	弱高压脊+地面弱高压	1070/596	0.145/0.041	45	100~30	350
Case 4	12/31 下午	弱高压脊+鞍型场	356/172	0.046/0.018	49	120~70	345
Case 5	1/1 上午	弱高空槽+鞍型场	431/141	0.183/0.035	48	200~80	190
Case 6	1/3 上午 1	弱高压脊+东北低压底部	247/102	0.020/0.010	49	400~370	230
Case 7	1/3 上午 2	弱高压脊+弱低压	50/28	0.016/0.009	47	760~600	201
Case 8	1/4 上午	弱高压脊+蒙古高压底部	374/142	0.031/0.013	42	480~240	207

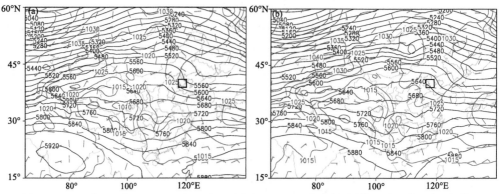

图 6.1 2016 年 12 月 19 日 14 时(a)和 20 时(b)500 hPa 高度场(黑线)、地面气压场(红线)和 10 m 风场(蓝色风标线)(黑色正方形框内为研究区域)

6.1.3　雾/霾过程中微观物理特征

本节给出雾/霾事件的微观物理特征。表 6.2 列出了最大和平均的雾滴浓度、最大液态水含量和雾滴的最大直径,以及成熟阶段能见度和 PM$_{2.5}$ 最大质量浓度($C_{\mathrm{PM2.5max}}$)。在所有雾个例中,Case 1 的 $C_{\mathrm{PM2.5max}}$ 仅为 139 μg/m^3,而其他个例的 $C_{\mathrm{PM2.5max}}$ 范围为 190~350 μg/m^3(表6.2),且 N_a、液态水含量平均(LWC)和液态水含量最大值(LWC$_{\max}$)均较大。强浓雾个例的值明显大于一般雾个例的值,强浓雾过程(Case 3),N_a 为 596 个/cm^3,LWC$_a$ 为 0.041 g/m^3,LWC$_{\max}$ 为 0.145 g/m^3;浓雾过程同样的参数分别为 184 个/cm^3、0.036 g/m^3 和 0.082 g/m^3;而一般雾过程,这些量分别为 29 个/cm^3、0.013 g/m^3 和 0.031 g/m^3。通过比较可知,N_d 和 LWC 与天津地区能见度(Vis)呈负相关,这与 Gultepe 等(2006a)给出的能见度参数化方案一致。

多项研究表明,浓雾过程中雾滴对空气中 PM$_{2.5}$ 的去除效果显著(Hao et al.,2017;Li et al.,2010;Izhar et al.,2019)。本节进一步明确雾滴对 PM$_{2.5}$ 的去除作用主要发生在(强)浓雾过程中,而不是在一般雾过程。从雾爆发增强前后 $C_{\mathrm{PM2.5}}$ 的演变情况来看(图 6.2),$C_{\mathrm{PM2.5}}$ 在 Case 3、4、5、6 中显著下降,Case 2 和 8 中略有下降,Case 1 和 7 中略有上升,表明 PM$_{2.5}$ 仅在(强)浓雾过程中被去除。表 6.2 中雾滴对 PM$_{2.5}$ 的去除效率与 LWC 的大小无关,但(强)浓雾过程 $N_{\max}$ 的值显著高于一般雾过程的对应值,说明 $N_{\max}$ 在清除机制中起主要作用。说明高浓度雾滴对 PM$_{2.5}$ 的去除有积极作用,而低浓度雾滴对 PM$_{2.5}$ 的去除效果不明显。

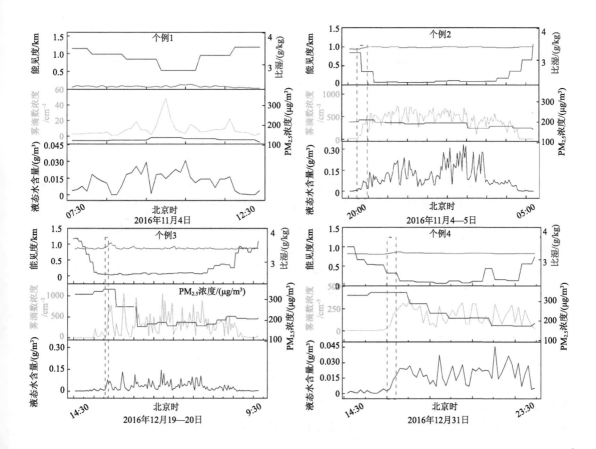

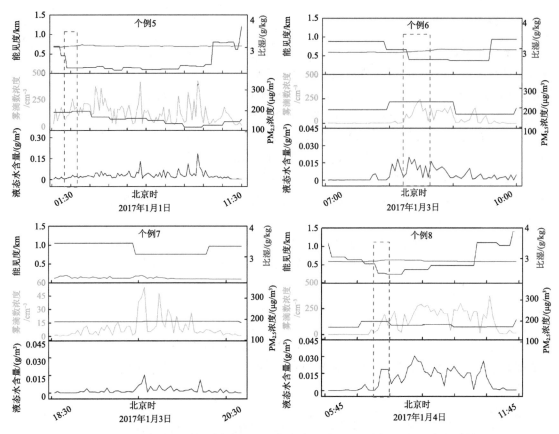

图 6.2　8 次雾/霾过程的雾滴数浓度和液态水含量（5 min 平均）、能见度和 PM$_{2.5}$
质量浓度（小时平均）随时间演变（红框中的时间间隔表示每个雾过程的爆发增强阶段）

图 6.3 为（强）浓雾过程（Case 2、3、4、5、6、8）和一般雾过程（Case 1 和 7）平均谱的拟合结果，图中的 D 为间隔 5 μm 获得的平均直径。从图 6.3 可以看出，它们的谱宽非常相似，但雾滴数密度有显著差异。两种雾过程的雾滴谱随雾滴粒径的增大呈指数衰减，这与以南京为代表的浓雾过程谱宽特征有很大的不同，南京一般雾过程的谱宽小于浓雾过程（最高 25～30 μm）（Liu et al.，2011）。此外，（强）浓雾天气的 N_d 显著大于一般雾过程，而且两者 N_d 的值随直径的增大而减小。图 6.3 中的雾滴谱型拟合后服从 Junge 分布。对于（强）浓雾过程拟合公式为：

$$N_d = 1947.84D^{-1.8} \tag{6.7}$$

对应公式（6.5）中的 a、b 和 R^2 参数，公式（6.7）中 a_1、b_1 和 R_1^2 分别为 1947.84、1.8 和 0.985。

对于一般雾过程，拟合公式为：

$$N_d = 131.5D^{-1.76} \tag{6.8}$$

公式（6.8）中，a_2、b_2 和 R_2^2 分别为 131.5、1.76 和 0.982。逆尺度参数 b_1 和 b_2 非常接近，说明两种雾过程的趋势一致。而（强）浓雾过程中的形状参数（a_1）几乎是一般雾过程（a_2）的 15 倍，（强）浓雾过程的雾滴数浓度比一般雾过程的雾滴数浓度高 1 个数量级。

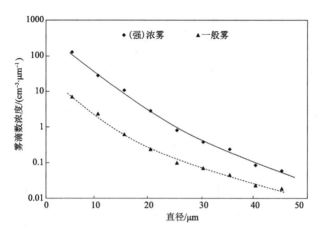

图 6.3　(强)浓雾与一般雾的平均谱分布对比

6.1.4　雾爆发增强的特点和原因

前文分析提到 8 次雾霾混合过程中,有 6 次雾过程(Case 2、3、4、5、6、8)在 30 min 内出现了爆发性增强,且爆发性增强阶段的时间区间均处于每次雾过程发展阶段的中后期。

从气象要素和 $C_{PM2.5}$ 的变化看(表 6.2),雾爆发性增强期间(30 min 内),能见度(Vis)、气温(T_a)、温度露点差($T_a - T_d$)都呈现下降趋势,地面气压(p)和比湿(q_v)呈上升的趋势,风向转为东南,风速基本稳定,$C_{PM2.5}$ 只在 Case 5 中略有下降,其他个例基本未变。其中,当一般雾爆发成为浓雾时,Vis、T_a、$T_a - T_d$ 分别下降 327 m、0.26 ℃、1.2 ℃,平均 p 和 q_v 分别上升 0.36 hPa 和 0.07 g/kg。而一般雾爆发成为强浓雾过程中 Vis、T_a、$T_a - T_d$ 分别下降 493 m、0.1 ℃和 1.4 ℃,平均 p 和 q_v 分别上升 1.1 hPa 和 0.13 g/kg。

可以看出,Vis_{max}(表 6.2)和 q_v(表 6.3)在爆发增强阶段前的最小值和最大值。q_v 的上升加速了雾的爆发增强过程,q_v 的下降导致相对湿度的降低和雾的能见度的增大(Gu et al.,2019),q_v 值越高,雾滴形成越早(Fitzjarrald et al.,1989)。Case 6 和 Case 8 中 q_v 值小于 3 g/kg,Vis_{max} 的最小值大于 200 m。Case 2、3、4、5 中 q_v 大于 3 g/kg,Vis_{max} 最小值小于 100 m。在 Case 3 的爆发增强阶段,q_v 在爆发增强之前最大(3.43 g/kg),能见度下降最明显(从 540 m 降至 47 m),Vis_{max} 对应的最小值(下降到 30 m)。因此,较高的 q_v 及其上升趋势可以预示雾的爆发和能见度的急剧下降。

在雾爆发增强阶段,T_a 值急剧下降,是雾爆发增强发生的关键条件。在 Case 2、3、4、5 中,爆发增强阶段发生在日落后或夜间,因此,长波辐射冷却可能对 T_a 的急剧下降起了重要作用(Niu et al.,2010a)。而在 Case 6 和 8 中由于日出后地面雾水蒸发增强,爆发增强阶段出现,导致潜热消耗 T_a 下降。

雾顶高度可以通过近地层微观气象变量 T 和 RH 梯度的剧烈变化来估算(Roman et al.,2016)。对比 6 个发生了雾爆发增强的个例,在 5～250 m 高度范围内的爆发增强前后 T 和 RH 的剖面变化(图 6.4),发现爆发增强后雾顶高度明显升高,大气稳定度明显下降。需要注意的是,Case 2 仅采集到了 5～140 m 的 10 层数据,其他个例都采集到了 5～250 m 的 15 层数据。

表 6.3　雾爆发性增强前后气象要素和 $C_{PM2.5}$ 的变化

	Case 2	Case 3	Case 4	Case 5	Case 6	Case 8
发展阶段时段	19:00—21:30	15:15—16:30	14:30—16:30	01:00—02:15	06:45—08:20	05:40—07:25
爆发增强阶段时段	20:30—21:00	15:45—16:15	15:30—16:00	01:45—02:15	08:15—08:45	06:45—07:15
Vis/m	839→345	540→47	530→320	690→450	880→400	640→430
T_a/℃	8.1→8.0	−2.0→−2.1	−2.7→−2.9	−0.5→−1.1	−2.3→−2.5	0.3→0.1
p/hPa	1007.3→1007.5	1024.1→1025.2	1026.8→1027.0	1025.0→1025.1	1022.6→1022.9	1025→1026
q_v/(g/kg)	3.17→3.24	3.43→3.56	3.02→3.09	3.36→3.42	2.88→2.98	2.92→2.97
风向/(°)	141→85 (SE→E)	151→146 (SSE→SE)	168→165 (SSE→SSE)	244→91 (WSW→E)	173→133 (S→SE)	96→168 (E→SSE)
风速/(m/s)	0.7→1.0	1.2→1.5	0.5→0.6	1.1→0.8	0.6→0.7	0.6→0.8
$T_a−T_d$/℃	1.9→0.8	1.8→0.4	2.0→0.6	1.7→0.6	1.9→0.9	1.8→0.7
$C_{PM2.5}$/(μg/m³)	195	295	345	198→192	190	199

计算 Case 2 的雾顶高度,发现在爆发增强前,雾体在 120 m 高度处出现强逆温层,雾体内部 R_i 为 0.23(表 6.4),而爆发增强后 R_i 为 0.14,逆温层到达 150 m,大气稳定性由之前的中性变为弱不稳定,RH 明显高于爆发增强之前,说明为雾顶高度上升。同理,Case 3 中,爆发增强前、后雾顶高度由 180 m 上升到 220 m,R_i 由 0.26 减小到 0.19。Case 4 和 Case 8 中,在雾爆发增强前,逆温层底高度和 RH 下降到 220 m 高度,但爆发增强后,逆温不明显,分层相对不稳定,RH 在 250 m 高度以下保持 100%,这说明雾顶高度从 220 m 上升到 250 m 以上。在 Case 5 和 Case 6 中,T 剖面为中性,RH 在 250 m 高度以下保持 100%,雾顶高度在 250 m 以上,雾层由中性变为弱不稳定。除 Case 5 和 Case 6 外,雾爆发增强后雾顶高度均呈明显上升趋势,且雾顶高度超出观测塔。在大气稳定性方面,雾体分层由中性变为弱不稳定。

表 6.4　六个例雾爆发增强前后的 R_i

	Case 2	Case 3	Case 4	Case 5	Case 6	Case 8
R_i(前)	0.23	0.26	0.16	0.25	0.24	0.18
R_i(后)	0.14	0.19	0.13	0.19	0.21	0.15

所有个例风向一般为东南或南(表 6.3),风速约为 1 m/s。水平风速在 Case 5 中较小,在其他个例中较大,难以用地面资料解释雾爆发增强和分层的原因。为此,通过分析爆发增强前和爆发增强过程中 30 min 平均湍流参数(TKE、u^* 和 w')和 40 m 高度的 MKE 进一步分析湍流强度对雾爆发增强的影响(图 6.5)。发现各湍流参数在雾爆发增强前均有减小的趋势,在雾爆发期间有明显的增大趋势。而 MKE 在大多数雾个例中表现出相同的趋势,但在 Case 5 中没有发现,这意味着湍流的增强会加剧雾爆发。众所周知,湍流混合对雾形成起着重要的作用(Hu et al.,2017),本研究发现湍流混合的增强也对雾爆发增强起重要作用。

通过安装在 255 m 高通量塔上的仪器和地面密集观测,研究了天津地区雾/霾天气下雾

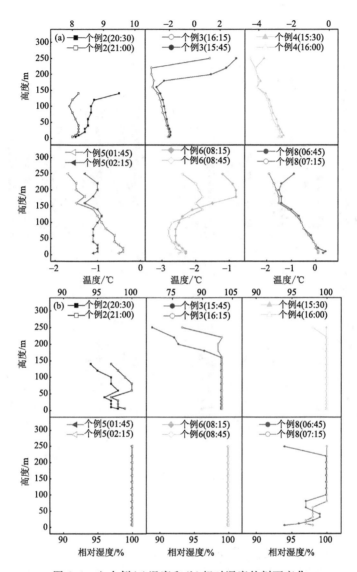

图 6.4 六个例(a)温度和(b)相对湿度的剖面变化

的爆发增强过程,观测包括雾滴和气溶胶光谱测量、3D 风和 NCEP/NCAR 再分析数据。结果表明,雾爆发增强发生在高压系统的影响下。城市污染环境中(强)浓雾和一般雾的平均谱满足逆尺度参数相似但形状参数差异较大的 Junge 尺度分布。综上所述,在高比湿条件下,雾的爆发增强在短时间内与当地气象参数的变化有较好的相关,如在 30 min 内 T_a 和 $(T_a - T_d)$ 的下降,p 和 q_v 的增大;天津地区伴随霾天气的强浓雾过程 N_a、LWC_a 和 LWC_{max} 明显大于一般雾过程。当 q_v 和 $C_{PM2.5}$ 足够大时,N_d 变大,粒径变小,导致雾爆发性增强。高比湿下的高浓度 $PM_{2.5}$ 有助雾爆发增强,且雾爆发增强有助于 $PM_{2.5}$ 的湿沉降,其作用是双向的;TKE、u^* 和 w' 等湍流指标的增大,使大气层结稳定性由中性变为弱不稳定,有利于雾爆发增强的发生;但需说明的是,雾爆发增强过程不排除二次气溶胶的影响,本节结论仅缘于大气物理特征的分析。另外,针对雾体形成阶段出现少量大滴进行定量化分析,需要继续收集更多的雾个例,丰富资料库,使研究更具有说服性。

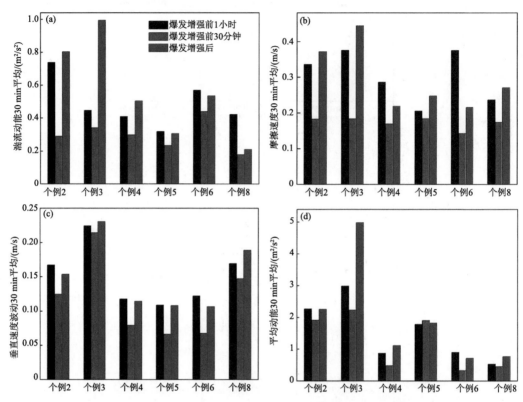

图 6.5　六个例爆发增强前和过程中 40 m 高度处湍流动能(a)、
摩擦速度(b)、垂直速度波动(c)和平均动能(d)30 min 平均

6.1.5　雾与大气细粒子的相互作用

利用强浓雾过程观测资料,进一步研究雾滴与大气细粒子的相互作用。强浓雾过程(Case 3)伴随有严重霾天气,$PM_{2.5}$ 浓度最大为 375 $\mu g/m^3$,PM_{10} 浓度最大为 419 $\mu g/m^3$,其四个阶段 C_{PM10} 和 $C_{PM2.5}$ 的绝对变化如图 6.6a 和 6.6b 所示,发现大气细粒子颗粒物的质量浓度最大值均出现在雾的生成阶段。雾发展和增强阶段大气细粒子质量浓度呈快速下降趋势,直至强浓雾消散才逐渐上升。也就是说,天津强浓雾过程对 PM_{10} 和 $PM_{2.5}$ 的清除作用很强,这与之前对天津地区的研究结论一致(吴彬贵 等,2009)。如图 6.6c 所示,$PM_{10}/PM_{2.5}$ 的上升趋势很明显,在雾形成阶段之后,无论中位数、25%样本平均值或 75%样本平均值,其比值都呈现出稳定的上升趋势,这充分说明雾滴对 $PM_{2.5}$ 的清除作用比 PM_{10} 更显著。印度恒河平原浓雾期间雾滴对水溶性气溶胶的清除作用也证实了这一结论(Izhar et al.,2019)。

图 6.7 给出了 LWC 和 $N/C_{PM2.5}$ 在不同大气细粒子质量浓度区间的分布。针对 Case 3,田梦等(2020)发现,在出现雾之前外源水汽供给充足,比湿上升缓慢,但出现雾后,外源水汽不再输送,局部水汽含量较前期略有下降(图略)。本节选取的数据是出现雾后,水汽含量不再有显著变化,因此,可以近似地认为水汽含量几乎是恒定的。在强浓雾过程中,随着 $C_{PM2.5}$ 的增

大，$N/C_{PM2.5}$ 和 LWC 首先迅速上升，特别是当 $C_{PM2.5}$ 在 $190\sim230$ $\mu g/m^3$ 内时，$N/C_{PM2.5}$ 出现最大值。这与岳岩裕等（2013）的结论一致，即随着 LWC 的增大，雾滴与细颗粒物的浓度比值会增大。N 随着 $C_{PM2.5}$ 的升高而增大，说明当水汽充足时大量的 $PM_{2.5}$ 被激活为雾滴凝结核，$PM_{2.5}$ 促进了雾的形成。随着 $C_{PM2.5}$ 进一步升高至 310 $\mu g/m^3$，$N/C_{PM2.5}$ 保持稳定，但 LWC 迅速下降。换句话说，当 $C_{PM2.5}$ 在 $230\sim310$ $\mu g/m^3$ 范围内时，更多的 $PM_{2.5}$ 同时被激活形成雾滴。但随着 N 的上升，由于水汽量有限，大量雾滴对水汽进行掠夺，使水汽含量迅速下降。当 $C_{PM2.5}$ 在 $310\sim350$ $\mu g/m^3$ 时，$N/C_{PM2.5}$ 值再次略有上升，而 LWC 下降趋势不变。这说明大气细颗粒物对水汽的竞争达到高峰，更多的 $PM_{2.5}$ 被激活为雾滴凝结核。随着 $C_{PM2.5}$ 的持续上升到 $350\sim390$ $\mu g/m^3$ 时，$N/C_{PM2.5}$ 反而下降，同时 LWC 出现最小值，说明过量的 $PM_{2.5}$ 不再能促进雾滴的增多，反而消耗了更多的水汽。当空气中的液态水含量不足以支持大量细粒子活化形成雾滴时，凝结的液态水含量会降低（图 6.7 中的 LWC）。

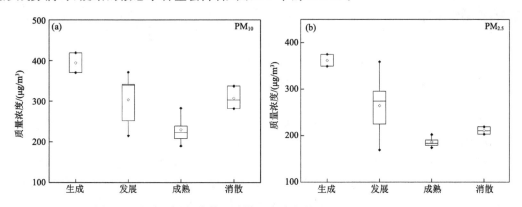

图 6.6　生成、发展、成熟和消散四个阶段的 C_{PM10} 和 $C_{PM2.5}$（Case 3）

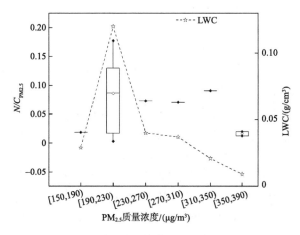

图 6.7　$N/C_{PM2.5}$ 以及平均液态水含量（LWC）随 $C_{PM2.5}$ 的变化（Case 3）

北京地区相关研究发现，当 $C_{PM2.5}>200$ $\mu g/m^3$ 时，气溶胶浓度对浓雾雾滴的快速增长和能见度的下降有很强的影响（Quan et al., 2011）。天津地区 $C_{PM2.5}>230$ $\mu g/m^3$（$C_{PM2.5}$ 值高于北京地区）对雾滴生长的正反馈作用明显。此外，如前文所述，天津地区 $C_{PM2.5}$ 与雾滴增长的相互作用更为复杂，因为随着 $C_{PM2.5}$ 的增大，其对雾滴增长的正反馈作用会减弱，甚至抑制雾滴的增长。结合图 6.6b 和图 6.7 可以发现,在雾的发展阶段,$C_{PM2.5}$ 范围跨度最大(215～371 $\mu g/m^3$),且仅在雾的发展阶段出现 $C_{PM2.5}$ 处于 310～350 $\mu g/m^3$ 内的情况,也就是说,在雾发展阶段前期 PM$_{2.5}$ 这类大气细颗粒物的大量存在,有利于细粒子颗粒物活化成为雾滴核,进一步加快浓雾的形成发展,但在雾的发展阶段后期,随着细粒子颗粒物浓度的上升,当 $C_{PM2.5}$ 超过 350 $\mu g/m^3$ 时,其对雾滴的形成又存在一定抑制作用。

综上所述,由于天津特殊的地理位置和背景污染,其霾日雾滴粒径分布拟合后服从荣格分布,类似于内陆重工业地区,冬季(强)浓雾均为谱宽 45 μm 的宽谱雾,滴谱峰值直径为 5.4～7.2 μm。在形成阶段当 D_{max} 超过 16.98 μm 时,对强浓雾的爆发有良好的指示作用。(强)浓雾天气中雾滴与大气细颗粒物的相互作用是独特且双向的。一方面,强浓雾过程对 PM$_{10}$ 和 PM$_{2.5}$ 的去除效果较强,对 PM$_{2.5}$ 的清除效率比 PM$_{10}$ 更显著。另一方面,细粒子对雾有不同的作用。当 $C_{PM2.5}$ 低于阈值时,细粒子有利于增强雾过程,而当 $C_{PM2.5}$ 大于阈值时,则表现出负反馈效应,抑制雾过程。

6.2 雾中微观物理参数对能见度的影响

《世界气象组织气象仪器和观测方法指南》(*WMO Guide to Meteorological Instruments and Methods of Observation*)(WMO,2006)中的大雾预报等级是根据能见度来区分不同强度的雾。伴随着雾的生成和发展特别是雾爆发性增强,大气能见度降低对陆地、海洋和空中运输均会造成严重影响,经常导致高速车辆碰撞等交通事故,危及人民生命财产安全(Koracin et al.,2014;Lewis et al.,2004;Niu et al.,2016;吴彬贵 等,2009)。

虽然雾的微观物理过程如雾滴微物理(Frank et al.,1998;Liu et al.,2021;Niu et al.,2010a;Wang et al.,2019)、气溶胶物理和化学(Fuzzi et al.,1996;Ma et al.,2003;Mancinelli et al.,2006)、辐射(Guo et al.,2015;Roach,1976)、湍流(Oliver et al.,1978;吴彬贵 等,2010)、大/小尺度动力学(Ma et al.,2003;Niu et al.,2010a;Ju et al.,2020)、表面条件(Bergot et al.,2015;Huang et al.,2015;Liu et al.,2020;Shi et al.,2008;田梦 等,2020)等已被广泛研究,但数值模式对能见度的评估不确定性仍高于 50%(Gultepe,2008;Roquelaure et al.,2008;Ryerson et al.,2014)。在气象预报业务对能见度的评估方法中,有些预测方法提供的是纯数学统计拟合,没有明确考虑物理过程(Lin et al.,2010),如气候统计方法(Leyton et al.,2003)、基于规律的统计方法(Pasini et al.,2001;Ryerson et al.,2018)、数值模式集成方法(Ryerson et al.,2018;Roquelaure et al.,2009a,b;Zhou et al.,2010)和机器学习方法(Pasini et al.,2001;Hansen,2007)。然而,其他基于物理因素的方法,如消光系数(Zhou et al.,2008)、相对湿度(RH)(Sohoni et al.,2010)、LWC(Li et al.,2020)、N_d 和 D(Liu et al.,2009,2020;Niu et al.,2016b;Wang et al.,2019),可以与能见度建立直接关系,在大气数值模型中被广泛应用(Gultepe et al.,2006a;Koracin,2017;Philip et al.,2016;Porson et al.,2011;Silverman et al.,1970;Steeneveld et al.,2015;Tian et al.,2019)。

在微观物理参数与能见度关系方面,很多研究都集中在消光系数、雾滴大小、N_d、LWC 对能见度的影响上。众所周知,Koschmieder 定律为能见度观测奠定了基础(Koschmieder et al.,1924;WMO,2006)。Malone(1951)指出,LWC 和能见度存在很好的负相关,Houghton

等(1938)分析了液滴生长对雾生成和消散的影响,提出了能见度与 LWC 的经验关系。Eldridge(1971)通过将观测结果与 Houghton(1938)的结论进行比较,指出有必要考虑 N_d 对能见度和 LWC 关系的影响。牛生杰等(2016)研究表明,当成核和凝结生长为主导时,N_d 和 LWC 存在明显的正相关。当 D 增大 N_d 较小时,LWC 也较小。许多其他研究讨论了能见度与微观物理参数演化的关系(Gultepe et al.,2006a;Niu et al.,2016;Liu et al.,2020)。下面几节将进一步分类和解释相应的结果及其在大气数值模型中的应用。雾在污染环境中的特征是相当显著的,因此,包括雾中气溶胶化学成分或浓度的参数化方案超出了本节的范围。影响雾中能见度的因素很多,由于篇幅限制,本节只介绍几个常见的物理参数,包括 RH、消光系数、LWC、N_d 和 D 与能见度的关系。

6.2.1　能见度与消光系数

微观物理参数方案的调整有助于提高雾的数值模拟精度(Bari,2019;Bari et al.,2015)。如果模型能够使用详细的微物理参数化来预测每一个时间步长的 N_d 和 LWC,那么就可以计算出暖雾条件下的能见度(Gultepe,2007)。早在 20 世纪 20 年代,Koschmieder(1924)便基于雾/霾对水平视程的影响提出了 Koschmieder 定律,该理论假设大气均一,大气水平消光系数(β_{ext})为常数,白天以水平天空作为背景黑体目标物,则目标物与背景的亮度对比阈值(C)随能见度(Vis)变化为:

$$C = \exp(-\beta_{ext} \cdot \text{Vis}) \tag{6.9}$$

即有

$$\text{Vis} = \frac{1}{\beta_{ext}} \ln \frac{1}{C} \tag{6.10}$$

式中,β_{ext} 以千米倒数为单位测量,常数 C 是与人眼有关的物理量,C 有两个值,国际民用航空组织(ICAO)推荐值为 0.05,WMO 推荐值为 0.02。因此,只要获取大气消光系数便能求得能见度。该定律提出的白天目标物视程理论是多年来人工观测确定白天目标物能见度的基础,其最大贡献是首次将能见度与大气消光系数联系起来,成为研究大气能见度的理论基础,直至今日,该定律仍为各种光学能见度测量仪的基本原理。Vis 和 β_{ext} 的反比例关系只适用于非常小的条件:大气必须被均匀照亮,消光系数和散射函数不允许随空间变化,理想的物体应该是黑色的,并对着地平线观察,观察者的眼睛必须有一个恒定的亮度对比阈值。Horvath(1967)考虑到上述事实,提出了一个一般公式。通过正确选择 Vis 标记可以使用 Koschmieder 公式,从观测到的能见度计算消光系数,误差小于 10%。Lee 等(2016)利用辐射转移理论指出,Koschmieder 模型仅适用于在几十千米外可以看到相同大小物体的情况,不适用于数百米的可视距离,因为物体的角尺寸明显大于人的眼睛分辨率。Lee 等(2016)研究主张在恶劣天气下测量和分布可探测性。米散射理论是计算消光系数的基础,由于小滴粒子直径与光波波长相当,前向散射光线比后向散射光线更强,散射强度也比瑞利散射大得多,米散射理论中消光系数(β_{ext})为:

$$\beta_{ext} = \frac{2}{x^2} \sum_{n=1}^{\infty} (2n+1) Re(a_n + b_n) \tag{6.11}$$

式中,a_n 和 b_n 分别是与贝塞尔函数和汉克尔函数有关的函数。根据比尔定律指出亮度是雾的微物理特性的函数,而这正是由于消光系数对雾滴浓度和半径的依赖所导致的。即 β_{ext} 与 N_d、

D 和可见光波长等有关。Kunkel(1984)指出,如果雾滴粒径分布已知,那么 β_{ext} 可以很容易确定:

$$\beta_{ext} = \pi \sum_{n=1}^{N} Q_{ext} n_i r_i^2 \tag{6.12}$$

式中,Q_{ext} 为消光效率(归一化的消光截面),n 为 N_d,r 为雾滴半径。此外,如果雾滴粒径分布未知,则必须使用经验公式将 LWC 与 β_{ext} 联系起来,相关内容将在下一节中详细讨论。总消光系数是来自清洁空气、气溶胶、云和降水的成分之和。气溶胶系数包含不同气溶胶种类的贡献,如海盐、灰尘、黑碳、有机物、碳酸盐等(Ecwmf,2021)。清洁空气消光系数较小,实用价值不大,因此,取 Vis 值为 100 km(10^5 m),定义了可诊断的最大 Vis(Clark et al.,2008),即 $\beta_{air} = (\ln e)/10^5$。

后续数值研究普遍采用基于公式(6.6)的参数化方案,为水平 Vis 数值预测提供了可行方案(Fu et al.,2006,2008;Gao et al.,2007),该方案依赖于 β_{ext},Koenig(1971)的研究显示其决定于多个要素,在计算和测量中会产生一定的误差,如 Kunkel(1984)通过雾滴谱分布计算的消光系数(β_c)和实际观测值(β_m)的对比显示,计算的消光系数(β_c)要比观测值(β_m)大,Vali 等(1979)的研究成果也显示消光系数的计算值和实测值存在偏差。Kunkel(1984)提出的订正方法为:

$$\beta_m = 2.156\beta_c^{0.717} \tag{6.13}$$

通过雾滴谱分布计算消光系数 β_c 本身存在不确定性,因而利用公式(6.10)计算能见度,也不可避免地会出现一定的误差。

航空应用中不仅关心水平能见度,而且垂直能见度也对飞机起降有显著影响。Steolinga 等(1999)认为,航空应用所关注的最大水平能见度为 10 km,该值小于模式区域所设定的水平网格间距(如 36 km 或 12 km),因此,可以认为消光系数是固定值,此时用公式(6.10)能够较好地计算水平能见度。但该假设在计算垂直能见度时不再成立,因为航空关心的垂直最大高度(2500 m)要显著大于模式的垂直网格间距(50~500 m),与大气环境有密切关系的消光系数在不同的模式层次中变化很大,因此,消光系数应是高度(z)的函数,表达式必须向上逐层积分(用 z 代替 x),以确定顶限 z_{dg}(Van et al.,2010):

$$-\ln 0.02 = \int_0^{z_{dg}} \beta(z)dz \tag{6.14}$$

6.2.2 能见度与相对湿度

在洁净大气中空气饱和是雾天气现象出现的前提,然而人类活动带来了大量气溶胶粒子吸收水分,也会导致 Vis 变差,受工业化影响的污染雾常常在大气未达到饱和条件时出现(Gultepe et al.,2006a)。由于未饱和大气能见度的降低与相对湿度的上升存在显著的关系,因此,归纳能见度(Vis)和相对湿度(RH)的经验关系(Vis-RH),并用于订正大气数值模式输出最终的能见度具有一定的实用价值。Hanel(1976)总结观测实验结果,提出了能见度与相对湿度(RH)的经验公式:

$$Vis = 67.7(1-RH)^{0.67} \tag{6.15}$$

公式的适用条件为 58%<RH<97%。作为单因子影响的经验公式,其简单明了、易于使用,且能够较好地反映非饱和大气能见度的变化趋势,对预报有指导意义。Smirnova 等(2000)在

Hanel(1976)工作的基础上进一步完善了 Vis-RH 经验公式：

$$Vis_{RUC} = 60exp[-2.5(RH-15)/80] \qquad (6.16)$$

式(6.16)的适用条件为 $30\% < RH \leqslant 100\%$。该方案被美国国家环境预报中心的快速更新循环模式（Rapid Update Cycle，RUC）采用。Gultepe 等（2006b）基于加拿大皮尔森机场（FRAM）和米拉贝尔机场（AIRS 2）的观测试验，指出 RUC 大气数值模式中采用的 Smirnova 方案在当地并不适用，突出问题是 Smirnova 方案在 RH 接近 100% 时计算的 Vis 值近似是观测值的 2 倍，其通过两个机场的地面观测资料拟合了更加适合当地的能见度参数化方案：

$$Vis_{FRAM-C} = -41.5ln(RH) + 192.30 \quad RH > 30\% \qquad (6.17)$$

$$Vis_{AIRS} = -0.177 RH^2 + 1.46RH + 30.80 \qquad (6.18)$$

与改进前的方案相比，新提出的方案在数值模式中的应用情况更好，更适用于当地的能见度预报。然而，Gultepe 等（2006b）所提出的 Vis-RH 方案在其他地区也未必完全适用，Cao 等（2014）在研究中国大连地区雾模式中能见度参数化方案时同样发现，高湿度条件下 Smirnova 方案的计算结果比该地实际观测值明显偏大，如 $RH = 100\%$ 时，$Vis_{RUC} = 4.2$ km，但实测 $Vis \leqslant 1$ km 的案例占比高达 95.3%，其利用大连地面观测资料提出了更适用于当地的 Vis-RH 关系式，新建的能见度方案（Koschmieder，1924）较好地修正了相对湿度较高时计算结果比观测值明显偏大的问题，大幅度提高了对低能见度的预报能力，如公式(6.19)所示。

$$Vis_{MX11} = -0.00003272RH^3 + 0.000238RH^2 - 0.1165RH + 21.2 \qquad (6.19)$$

由公式(6.19)可知，$RH = 100\%$ 时，$Vis = 0.63$ km；$RH = 95\%$ 时，$Vis = 3.56$ km；$RH < 80\%$ 时，$Vis > 10$ km。与 Smirnova 等（2000）和 Gultepe 等（2006b）开发的 RH-Vis 公式相比，修订后的 RH-Vis 参数化方案大幅度提高了局部低能见度的预报能力。

Gultepe 等（2009）进一步分析了能见度和相对湿度（RH）的关系，指出基于所有观测数据拟合的 Vis-RH 关系式并不能很好地用于 Vis 计算，因为对于同一个 RH，Vis 的变化区间很大。对此，Gultepe 提出了一种概率方法，即对于相同的 RH，将 Vis 值按大小排序，分别取前 5%、50%、95% 比例的数据集来拟合建模，以满足不同的需求，如机场关心的是极端天气，得到一个可能出现的最低能见度比知道一个最可能出现的能见度更重要，因此 5% 数据占比的预报方案更实用，这也意味着 95% 的数据点将有更高的 Vis。Gultepe 等（2009）建议用概率法取代确定性预报，使得建立的参数化方案更加适用于当地实际预报业务。Lin 等（2010）对上述概率方法开展了四川省的本地化应用，其通过雾过程的数值模拟评估了中尺度模式 WRF 对 RH 要素的预报效果，利用实测 Vis 和 RH 资料获得 Vis-RH 参数化方案，检验结果显示，5% 数据占比的 Vis-RH 的参数化方案在浓雾过程中估算的能见度最为准确（图 6.8）。

表 6.5 列举了部分学者的 Vis-RH 关系研究结果。由表 6.5 可见，Vis-RH 方案不同地区并不相同，具有明显的地区性特征，但 RH 值易于通过大气数值模式获取，也是直接观测的要素，便于预报效果检验，因此，Vis-RH 关系式已经在包括数值天气预报（NWP）和雾模式在内的各种模式中广泛应用（Bari et al.，2015；Lin et al.，2010；Martinet et al.，2020）。但作为单影响因子方案，由于其未考虑其他影响因子，更没考虑微物理过程，相同的 RH 下 Vis 变化区间很大，且 Vis 各参数化方案之间存在显著的差异，计算精度无法满足精细化预报服务的需求，目前大部分 NWP 和雾模式不再单独使用该方案，多见于配合其他参数化方案使用。

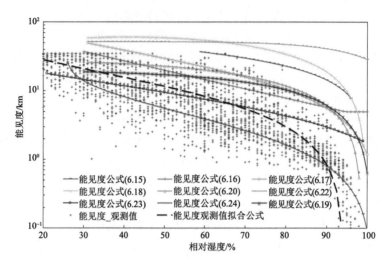

图 6.8　天津能见度-相对湿度方案的性能比较
（黑色虚线表示能见度-相对湿度的局部拟合曲线）

表 6.5　相关 Vis-RH 参数化方案

公式号	关系式	条件	参考文献
(6.15)	$\text{Vis}=67.7\ (1-\text{RH})^{0.67}$	58%＜RH＜97%	Hanel(1976)
(6.16)	$\text{Vis}_{\text{RUC}}=60\exp[-2.5(\text{RH}-15)/80]$	30%≤RH≤100%，当 RH≥95%时=5 km	Smirnova 等(2000)
(6.17)	$\text{Vis}_{\text{FRAM-C}}=-41.5\ln(\text{RH})+192.30$	RH＞30%	Gultepe 等(2006b)
(6.18)	$\text{Vis}_{\text{AIRS}}=-0.177\ \text{RH}^2+1.46\text{RH}+30.80$	RH＞30%	Gultepe 等(2006b)
(6.19)	$\text{Vis}_{\text{MX11}}=-0.00003272\ \text{RH}^3+0.000238\ \text{RH}^2-0.1165\text{RH}+21.2$	30%≤RH≤100%	Cao 等(2014)
(6.20)	$\text{Vis}_{\text{FRAM-L(5\%)}}=-0.000114\ \text{RH}+27.45$	RH＞30%	Gultepe 等(2009)
(6.21)	$\text{Vis}_{\text{FRAM-L(50\%)}}=-5.19\times10^{-10}\ \text{RH}^{5.44}+40.10$	RH＞30%	Gultepe 等(2009)
(6.22)	$\text{Vis}_{\text{FRAM-L(95\%)}}=-9.68\times10^{-14}\text{RH}^{7.19}+52.20$	RH＞30%	Gultepe 等(2009)
(6.23)	$\text{Vis}_{\text{Fit}}=63.19-13.04\ln(\text{RH}+11.31)$	20%＜RH＜100%	林燕等(2013)
(6.24)	$\text{Vis}_{\text{Fit}-5\%}=21.38-4.938\ln(\text{RH}-24.53)$	25%＜RH＜100%	林燕等(2013)

6.2.3　能见度与雾滴含水量

Vis-LWC 方案是较为常见的一种能见度参数化方案,该方案以 Koschmicder 定律为基础,通过液态水含量来计算能见度,即

$$\text{Vis}=-\frac{\ln(0.02)}{\beta}=a\times\text{LWC}^b \tag{6.25}$$

大量研究表明,大气消光系数 β 和 LWC 的关系虽然均满足上述幂次函数关系,但由于大气液滴粒径分布受粒径的观测范围、实验设计、空气颗粒物以及雾类型等因素影响,各地得到的经验系数 a、b 值差别很大,如:Eldridge(1966,1971)分别针对不同的液滴粒径范围开展了

观测对比分析,得到不同粒径范围的 a、b 经验值,当粒径在 $0.6\sim16\ \mu m$ 时,$\beta=163LWC^{0.65}$,而当粒径范围上限增大时,$\beta=91LWC^{0.65}$;1976 年,Tomasi 和 Tampieri(1976)得到针对不同雾类型的 a、b 经验值,认为暖湿雾条件下 $\beta=65LWC^{2/3}$,而冷雾条件下 $\beta=115LWC^{2/3}$。已有研究中经验系数 a 取值从 65 变化到 178,经验系数 b 取值从 0.63 变化到 0.96(Van et al.,2010)。可见,Vis-LWC 参数化方案与 Vis-RH 方案一样也受其他多种因子的影响,区域性强,不具有普适性。

目前,最为普遍使用的 Vis-LWC 方案为 K84 方案。Kunkel(1984)在平流雾的观测研究中发现消光系数和液态水含量的相关系数达到了 0.95,与其他研究人员的成果(Eldridge,1966;Pinnick et al.,1978)相比,二者之间存在更高的相关,Kunkel(1984)给出了用雾中液态水含量(LWC)计算消光系数的关系式:

$$\beta=144.7LWC^{0.88} \tag{6.26}$$

将该式代入 Koschmicder 定律(公式(6.10))中,便得到当前普遍使用的 K84 方案:

$$Vis=0.027LWC^{-0.88} \tag{6.27}$$

一些使用 K84 方案的模型为 LWC 与 Vis 的关系提供了方便的解决方案,因此,K84 方案被广泛应用于数值模型中计算 Vis(Fu et al.,2006,2008;Gao et al.,2007;Martinet et al.,2020;Wang et al.,2018)。1995 年在加拿大东部地区,Gultepe 等(2006a)利用辐射和气溶胶云实验(RACE)观测,继续改进了 K84 方案,如公式(6.28)所示。

$$Vis=0.0219LWC^{-0.9603} \tag{6.28}$$

Liu 等(2021)利用天津市 2016—2017 年的数据(雾滴谱仪观测的 LWC 和 N_d,自动气象站观测的 Vis),对文献中的 Vis 参数化方案进行验证(Liu et al.,2021),并拟合出本地公式,发现 Vis 和 LWC 值域分别为 $0\sim8.2\ km$ 和 $0\sim0.25\ g/m^3$。能见度_K84 方案(Kunkel,1984)和 Gultepe 方案(Gultepe et al.,2006b)在图 6.9 中用对数图进行验证。需要指出的是,图 6.9a 只采用了 Vis 小于 1 km 的数据,而图 6.9b 采用了全部的观测数据。

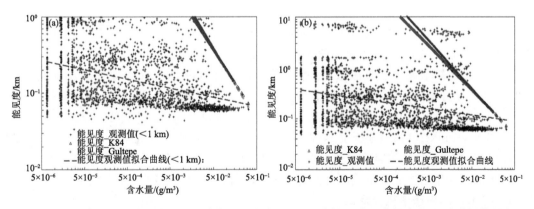

图 6.9　对能见度—含水量方案验证并与能见度小于 1 km 进行(a)本地化拟合和(b)大范围能见度数据(能见度_观测值、能见度_K84、能见度_Gultepe、能见度观测拟合曲线分别表示利用公式(6.27)、公式(6.28)获得的观测能见度、模拟能见度以及本地化拟合结果)

能见度_K84 和能见度_Gultepe 方案模拟显示,随着 LWC 的增加 Vis 急剧下降。但两者均明显大于观测 Vis,特别是在 Vis 小于 1 km 的雾过程中。模拟 Vis 与观测 Vis 的偏差表明需要改进当前 Vis-LWC 关系。用 Vis<1 km 的数据拟合 Vis 与 LWC 的天津本地关系分别

为 $Vis=0.0618LWC^{-0.126}$ 和 $Vis=0.0813LWC^{-0.126}$。到目前为止,Vis 和 LWC 之间还没有发现令人满意的对应关系。

通过参数化方案模拟出的能见度经常大于观测能见度。一些广泛使用的 Vis 参数化方案通常是在空气污染不严重的地方进行的。当应用于污染环境中的雾预报/模拟时,由于缺乏考虑气溶胶消光,这些方案可能会高估 Vis,低估雾的强度(Shen et al.,2015;Sing et al.,2012)。到目前为止,本节讨论了 Vis-RH、Vis-β 和 Vis-LWC 三个参数化方案,分别对应 RH、β 和 LWC 三个关键元素。一些研究表明,RH 与 LWC 呈负相关。如 Gonser 等(2011)通过山地云雾观测实验首次揭示了地形雾中 RH 与 LWC 的反比关系,并指出这种情况原则上可以用含有可溶性或不溶性物质的雾滴凝聚增长理论来解释,但其原因尚需进一步研究。此外,相对于较小的雾滴,直径较大的雾滴在较低的 RH 环境下也可以存在,但是否可以用来解释 RH 和 LWC 的显著变化尚不清楚。在湍流输运过程中雾滴与气团的局部不平衡也可能是造成这种反向关系的潜在原因。因此,需要更多的研究,包括雾滴的化学性质和微观物理建模。

6.2.4 能见度与雾滴数浓度和粒径

Meyer 等(1980)提出能见度与雾滴直径的平方和数浓度成正相关,且随着雾的浓度变化而改变,从而得到了在大雾($Vis_{MH}\leqslant 1$ km)和轻雾($Vis_{ML}>1\sim 2$ km)状态下的参数化方案分别如下:

$$Vis_{MH}=80N_d^{-1.1} \tag{6.29}$$
$$Vis_{ML}=120N_d^{-0.77} \tag{6.30}$$

式中,N_d 为数浓度,两个关系式均适用于粒径 $D>0.5\ \mu m$ 的情况。Meyer 的观测实验同时显示,轻雾时,平均粒径基本保持不变,浓雾时 Vis 随粒径增大而下降,关系式为 $Vis=1.46\times 10^{-4}(D_e^2)^{-0.49}$,其中,$D_e$ 为粒子的等效直径。如果假设整个光谱中散射系数为常数,$N_d\cdot D_e$(D_e 为等效直径)与消光系数成正比,综合能见度和消光系数的关系,便有:

$$Vis=1.75\times 10^{-5}(N_dD_2)^{-0.86} \tag{6.31}$$

关系式斜率接近 -1.0,但指数的微小变化将导致能见度的显著变化,这可能是散射系数为常数这一假设引起的,这一假设仅对足够大的粒子才有效。

各种尺度的降水离子谱通常用三参数伽马分布函数 $N_d=N_0D^\alpha e^{-\lambda D}$ 来描述。双矩方案一般以 N_0 和 λ 作为预测参数,同时保持形状参数 α 不变。Milbrandt 等(2005)采用不同方案分析了形状参数 α 对沉降和微物理生长速率的影响。结果表明,α 对粒子尺度分选率起决定作用。1983 年,Kunkel(1984)分析了 1400 多个粒径样本,发现当粒径大于 $2.5\ \mu m$ 时,粒子的降落末速度与 $c(LWC^2/N_d)^d$ 存在较好的关联(c 和 d 均为拟合系数),在固定的 LWC 下,空气污染物与水汽相互作用形成大量液滴,使 N_d 增大。同时,粒子半径越小,粒子的重力降落末速度越小,液态水的沉积速率就会降低。

消光系数增大,Vis 减小,这是由于上述两种物理过程和其他化学过程相结合的粒子平均数浓度增大所致。Kunkel(1984)也指出,应考虑雾中污染物浓度的影响。因此,在不同的污染条件下,应选择合适的计算公式和粒子重力降落末速度。雾中的 Vis 受到雾滴消光的影响(Gultepe et al.,2009;Kunkel,1984;Vali et al.,1979),基于米散射理论,消光系数与 N_d 密切相关。因此,N_d 被认为是 Vis 的影响因素之一。

Gultepe 等(2006b)再次指出,雾中能见度不仅与含水量有关,还与雾滴数浓度关系密切,其观测分析发现,冰相、液相雾中 Vis-N_d 关系存在差异,根据温度阈值指标,将雾天气区分为冰相雾($T<-1\ ℃$)和液相雾($-1\ ℃\leqslant T$),通过观测分析,发现能见度与冰相雾数浓度(N_i)及液相雾数浓度(N_d)近似满足如下关系式:

$$Vis_{Ni}=18N_i^{-0.56} \tag{6.32}$$

$$Vis=238N_d^{-1.31} \tag{6.33}$$

式中,N_i 的单位是个/L,N_d 单位是个/cm³。Gultepe 等(2006b)同时指出,由于现有仪器对小粒子计数的不确定性,对于 Vis_{Nd} 计算的能见度>50 km 的结果应作无效处理,且由于对数关系的特性,对于给定的 N_i,Vis_{Ni} 的值也可能变得非常大,也应谨慎应用其结果。同年,Gultepe 等利用前向散射光谱仪的观测数据建立了 Vis 和 N_d 的关系:

$$Vis_{obs}=44.989N_d^{-1.1592} \tag{6.34}$$

与用 Meyers 表达式计算的结果相比,随着数浓度的增大,能见度下降得更快,Gultepe 等认为这可能是由于早期研究中数浓度观测的不确定性或在低云中开展观测等影响因素所致。粒子数浓度在能见度参数化方案中应该被视为自变量,但这需要对数浓度进行准确的监测,以便建立更为合理的参数化方案。

基于 2016—2017 年天津地区使用雾滴谱仪(DMT,FM-120)和 Vis 仪(Vaisala,PWD 10)(Liu et al.,2020,2021)获取的 N_d 和 Vis 的观测数据,得到天津地区 Vis 与 N_d 的拟合公式为:$Vis=0.2522N_d^{-0.121}$(图 6.10)。Vis-N_d 关系本地化公式的常数和指数参数与其他公式存在较大差异。虽然 Vis 与 N_d 存在普遍递减的幂关系,但在不同地区仍存在较大的不确定性。

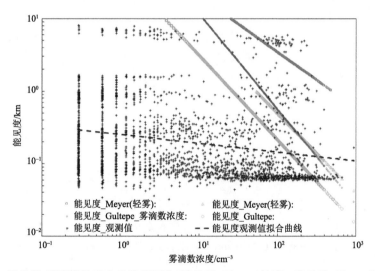

图 6.10　能见度-雾滴数浓度方案性能评价(能见度_Meyer(轻雾)、能见度_Meyer(浓雾)、能见度_Gultepe_雾滴数浓度、能见度_Gultepe 分别表示利用公式(6.25)、公式(6.24)、公式(6.29)和公式(6.28)模拟的能见度(黑色虚线表示用本地化能见度_观测值拟合的曲线)

6.2.5　能见度与液态水含量和液滴数浓度

综合以上两小节所述,液态水含量和液滴数浓度均是雾中能见度的影响因子,但这两个因子之间并非是简单的一一对应关系,例如,一定的液态水含量时,液滴数浓度的变化区间很大,导致能见度差异明显,况且这两个因素之间还有关联。总之,同时考虑这两个主要因子比单独考虑其中一个因子能更好地体现能见度的变化(Kunkel,1984)。Gultepe 等(2006a)在之前研究的基础上,建立了综合液态水含量、液滴数浓度的新参数化方案:

$$\text{Vis} = \frac{1.002}{(\text{LWC} \times N_d)^{0.6473}} \qquad (6.35)$$

该方案适用于 $0.005 \text{ g/m}^3 < \text{LWC} < 0.5 \text{ g/m}^3$ 和 $1 \text{ cm}^{-3} < N_d < 400 \text{ cm}^{-3}$ 的情况,相比于 Kunkel(1984)的研究,Gultepe 建立了定量化关系式。Gultepe 将上述新的方案应用到NOAA 的中尺度非静力模式中,并将结果和 K84、Meyer 等(1980)方案做对比,结论表明考虑了液态水含量和液滴数浓度的经验公式(6.35)对能见度的预测更准确,相比不考虑液滴数浓度的 K84 方案,其能见度预测的不确定性显著降低,体现出更好的预报性能。

与仅考虑 LWC 的 K84 方案相比,公式(6.35)的效果更好,Vis 预测的不确定性显著降低。当将公式(6.35)应用于天津地区时(图 6.11),在所有 FI($\text{FI} = N_d^{-1} \text{LWC}^{-1}$)范围内 Vis 仍然存在高估,特别是缺乏许多 FI 较大的低 Vis 个例。根据公式(6.35)的形式,拟合出本地化的 Vis-LWC& N_d 公式为 $\text{Vis} = 0.1418\text{FI}^{0.065}$。本地化关系远低于公式(6.35),无法表达更大的 Vis。也就是说,尽管公式(6.35)与 K84 和 Meyer(1980)的方案相比做得很好,但未来仍需进一步推进参数化 Vis-LWC& N_d 关系。

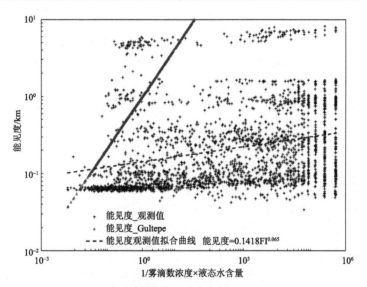

图 6.11 能见度-FI指数(FI=1/雾滴数浓度×液态水含量)方案计算
(黑色虚线为能见度_观测值拟合曲线,能见度_Gultepe 为公式(6.35))

胡波等(2014)根据 Gultepe 等提出的 Vis-LWC& N_d 参数化方案建立了沿海大雾预报方法,液态水含量由 WRF 模式输出的物理量 QCLOUD 计算得到,利用历史经验统计方法计算液滴数浓度,即利用相似预报方法确定相似历史个例,并根据能见度公式反推得到液滴数浓度:

$$N_d = e^{\text{Tmp}}, \text{其中 Tmp} = \frac{1}{0.6437}\ln\left(\frac{1.002}{\text{Vis}_{\text{obs}}}\right)\ln(\text{LWC}_{\text{obs}}) \qquad (6.36)$$

式中,Vis_{obs} 和 LWC_{obs} 分别为相似个例的能见度和液态水含量。将获取的液态水含量和液滴数浓度代入参数化方案中即可得到能见度预报值,该方案与 Steolinga-Warner 方案(Stoelinga et al.,1999)相比,雾预报准确率由 61％提高到了 73％。由于该方案同时考虑了液态水含量和液滴数浓度,微观物理机理解释更加客观,因此,应用情况整体较为良好。LWC 和 N_d 同样存在关联,Gultepe 等(2006a)观测分析指出,LWC 随着 N_d 的增大而增大,但是对于给定的 LWC 值,N_d 的变化区间很大。黄辉军等(2009)利用雾滴谱仪观测资料分析了一次海雾的微观物理特征,发现直径 10 μm 以上雾滴增多是 LWC 增大的主要原因,而相同 N_d 区间情况下,LWC 增大是导致大气能见度降低的主要原因。

由于同时考虑了液态水含量和液滴数浓度,微观物理解释相对更符合实际,因此,Vis-LWC& N_d 参数化方案具有一定的优势,准确率也相对较高,但与 Vis-N_d 方案类似,其同样存在需要采用历史经验统计方法估算液滴数浓度的问题。此外,该方案仍然存在较高的不确定性,Gultepe 等(2006a)的研究显示,该方案用于各类型雾中能见度计算的不确定性仍然达到了 27％。Liu 等(2020,2021)研究了天津地区大雾期间雾滴谱特征,发现 LWC 和 N_d 对 Vis 的影响并不相同,N_d 和 Vis 存在稳定的负相关,而 LWC 对 Vis 的影响不稳定,并非单调的负相关。可见,如果要想更好地应用 Gultepe 等(2006a)得到的 Vis-LWC& N_d 关系,各地还需依据当地情况做适当改进。

6.2.6　能见度参数化方案应用性能总结

综述了基于相对湿度、消光系数、LWC 和 N_d 等影响 Vis 的不同参数化方案的特点和应用情况,可以看出,拟合的参数具有明确的物理意义,可以通过与数值预报产品的接口来计算 Vis。因此,在 Vis 后处理过程中,许多模型直接与相应的参数化方案进行对接。

通过回顾 Vis 参数化方案的研究成果,了解到由于引入了影响因素或环境因素,目前没有一个公式能准确地计算出雾的能见度。需要指出的是,雾的发生和发展是多个过程同时发生并非线性相互作用的结果。这些相互作用可能导致关键雾参数的非平凡集合而最终导致雾的形成,反之,其他值的组合则可能阻止雾的形成。由于这些因素之间的特定相关关系,"组合方案"也被许多研究者所采用。

由于考虑物理过程不全面,引入的影响因子依赖于其他因素,以及不同环境下主要影响因子也不尽相同,基于统计分析的参数化方案存在一定的不足。事实上,主要影响因素在不同的环境中是不同的,例如气溶胶的影响,因为许多广泛使用的 Vis 参数化方案都是在空气污染不严重的地区取得的。当应用于污染地区的雾预报/模拟时,由于没有考虑气溶胶消光,这些方案可能会高估能见度。对于最常用的 Vis-LWC 方案,观测到的 LWC 与模型输出的 LWC 存在差异。LWC 的差异导致 Vis 预测的偏差,RH、N、D 等的观测和数据采集也存在同样的问题。Gultepe 等(2006b)指出,需要进一步修改微物理观测和参数化,以提高数值天气预报模式对雾的可预测性。

虽然现有的 Vis 参数化方案存在区域局限性,但该方法的应用前景广阔,未来 Vis 参数化方案的完善仍需持续探索,希望能有一个通用的方案应用于天气预报业务。此外,随着计算机技术的不断创新,对不同类型雾形成机理的深入研究(岳岩裕 等,2013)、人工神经网络方法的应用(Fabbian et al.,2007;Marzban et al.,2007),以及机器学习和人工智能技术的快速发展(吴彬贵 等,2017),可以利用更多的工具来提高 Vis 数值计算的准确度。

Vis 参数化方案通常高度依赖于微物理方案(Shen et al.,2015)或数值模式(Singh et al.,2012)提供的气象要素或触发条件的准确度。在数值预报精度不充分的情况下,即使 Vis 参数化方案再理想,其预报结果也会有偏差。一些触发机制或增强/限制过程,如风和周围建筑物也会影响数值模式的雾预报精度(Gonser et al.,2011;Wang et al.,2018)。此外,垂直分辨率的设置对数值模式中的雾预报也有一定的影响。在不同的垂直分辨率条件下,雾可以被建模成不同的类型(Ma et al.,2003)。因此,为所建立的参数化方案选择合适的数值模型也很重要。

6.3　本章小结

本章分析了天津地区 8 次雾过程微观物理结构特征发现,天津雾滴谱型服从荣格分布,(强)浓雾天气的 N_d 值显著大于一般雾过程,雾的爆发发展与湍流运动加强、温度骤减密切相关。雾中气溶胶相互间的影响很复杂,高浓度雾滴对 PM_{10} 的清除作用很强,而低浓度雾滴对 $PM_{2.5}$ 的去除效果不明显,在空气中 LWC 含量不足以支持大量细粒子活化形成雾滴时,过量的 $PM_{2.5}$ 反而消耗了水蒸气从而抑制了雾滴的增长。

基于观测数据,认识到 N_d 和 LWC 均与 Vis 呈负相关关系;通过评估在天津地区应用基于相对湿度、消光系数、LWC 和 N_d 等影响 Vis 的不同参数化方案的表现,发现由于考虑物理过程不全面、基于统计分析的各种参数化方案均存在区域局限性等原因,采用不同能见度参数化"组合方案"是目前提高能见度估算的有效途径。

雾顶高度(雾厚度)对于飞机航行和数值天气预报至关重要,因此,雾顶高度的准确估算是亟需解决的气象难题。但雾顶高度却是稀缺资料,环渤海雾雾顶高度大多不超过 400 m,而对于风廓线雷达、微波辐射计、小球探空以及各种型号的雷达等地基设备的剖面观测而言,这个高度一般位于其观测盲区,因此,雾厚度观测资料严重缺乏。环渤海地区乃至全国已经大规模地采用地面通量站观测不同生态系统物质和能量通量,中国地面通量网(ChinaFLUX)规模日益扩大,地面通量参数的获取反而比雾顶高度的获取更容易。为充分利用地面通量可获取的优势,本章应用天津 255 m 铁塔气象梯度和通量资料,对比不同表征参量估算辐射雾顶高度的研究成果,并研发了应用近地层通量估算辐射雾厚度的参数化新方案。

7.1　湍流强度参量及雾顶高度估算

以往的研究表明,雾的整个生命期均与湍流强度有关。尽管湍流在辐射雾形成过程中的作用仍存在争议,但雾层内的湍流对于物质、能量的交换以及雾的形成至关重要。湍流混合被认为是影响雾顶高度的主要物理机制,因此,可以应用与湍流强度相关的不同描述表征量来估算雾顶高度。本节试图采用摩擦速度(u_*)、湍流动能(TKE)和垂直速度方差($\sigma_w{}^2$)来估算雾顶高度,并对估算结果进行了评价。雾顶高度(H)与 u_*、TKE、$\sigma_w{}^2$ 的关系分别如图 7.1a、b、c 所示。H 与 u_* 呈正相关(公式(7.1)),相关系数为 0.41。

$$H=583.35u_*^{1.12} \tag{7.1}$$

结果证实湍流混合在雾的生命周期中的确起至关重要的作用,并与雾顶高度密切相关。虽然在雾形成阶段湍流强度较低,但湍流混合导致高空空气处于饱和状态,从而形成深厚的雾层,而强湍流混合易导致雾消散。因此,散点图(图 7.1a)中 u_* 的范围可以理解为雾形成和消散所需的最小湍流强度和最大湍流强度,分别近似为 0.037 m/s 和 0.281 m/s。最小湍流强度略大于 Román-Cascón 等的结果,不同站点分别为 0.025 m/s 和 0.030 m/s。本研究中湍流强度较高的原因是本研究中超声湍流观测仪器安装高度为 40 m,而 Román-Cascón 等(2016)研究中仪器架设高度为 3 m 或 1.5 m。分别应用 Román-Cascón 等(2016)提出的公式(7.2)与本研究得到的公式(7.1)估算的雾顶高度如图 7.1a 所示。

$$H=1369u_*-28 \tag{7.2}$$

将应用公式(7.2)计算的雾顶高度与天津的观测值进行对比,发现应用公式(7.2)估算的雾顶高度存在明显的高估,说明公式(7.2)不适用于估算天津地区的雾顶高度。$H=502\times u_*$

—4 与公式(7.1)估算的雾顶高度差异不大,几乎重合,但公式(7.1)计算的相关系数略高。因此与他人给出的参数化方案(公式(7.2))相比,本节建立的参数化方案(公式(7.1))更适合估算天津地区的雾顶高度。导致本研究结果与 Román-Cascón 等(2016)研究结果存在差异的主要原因有两个:一是 Román-Cascón 等(2016)的研究中雾顶高度与 u_* 的关系是通过拟合每个雾厚离散值对应的 7 个或 4 个 u_* 的均值得到的,而本研究中的参数化方案是通过大量的原始 u_* 值得到的。另一个原因是 Román-Cascón 等(2016)研究中的垂直分辨率较低,在 200 m 以下为 7 层,在 100 m 以下为 4 层,导致对实际雾顶高度的估计存在很大的误差。而本研究的垂直分辨率较高,250 m 以下有 15 层,100 m 以下有 8 层,有利于雾顶高度的准确估算。因此,研究建立的参数化方案(公式(7.1))更适合估计天津地区的雾顶高度,它代表了湍流对雾顶高度的影响,可以反映雾生命周期的时间变化。然而,公式(7.1)在大 u_* 处对雾顶高度存在一定程度的低估,而在弱湍流处对雾顶高度存在一定程度的高估,这可能是由于受到其他气象参数和大尺度大气背景场的影响。

与 u_* 的结果类似,利用 TKE 估算的雾顶高度如图 7.1b 所示,H 与 TKE 的关系如下:

$$H = 205.43(\text{TKE})^{0.68} \tag{7.3}$$

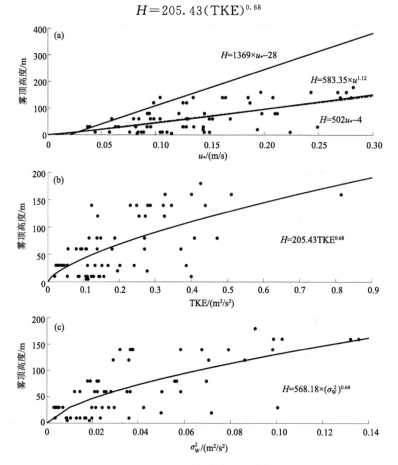

图 7.1 (a)雾顶高度与摩擦速度的散点图(底部实线表示公式(7.1),底部虚线表示 $H = 502 \times u_* - 4$,上方实线表示公式(7.2)),(b)雾顶高度与 TKE 的散点图(实线表示公式(7.3)),(c)雾顶高度与垂直速度方差的散点图(实线表示公式(7.4))

相关系数为 0.44，意味着 TKE 亦可以用于估算雾顶高度。与用 u_* 和 TKE 估算的雾顶高度相比，用 σ_w^2 估算的雾顶高度似乎更符合观测结果(图 7.1c)。如图 7.1c 所示，H 与 σ_w^2 存在明显的相关。

$$H = 420.10(\sigma_w^2)^{0.51} \tag{7.4}$$

相关系数高达 0.53。结果表明与前两个参数(u_* 和 TKE)相比，垂直速度方差 σ_w^2 是一个更合适的表征湍流强度的指标，可以用来估算雾顶高度。此外，本研究中 σ_w^2 的最小值为 0.0031 m^2/s^2，处于 Price(2019)得出的辐射雾形成阈值范围内(0.002～0.005 m^2/s^2)，同样证明了雾形成过程中湍流阈值的存在。虽然应用湍流强度估算的雾顶高度和观测结果存在一些偏差，但本节的结果展示了使用湍流强度估算雾顶高度的可能性。

7.2　辐射冷却参量及雾顶高度估算

辐射冷却和加热影响雾中的雾水平衡，因此，在雾的演变中起着重要作用。影响雾演变的辐射过程主要有两个：一是雾顶的长波辐射冷却，通过凝结产生液态水；另一个是地面吸收太阳辐射加热，对雾产生感热传递，使雾消散。因此，辐射雾多出现在夜间，在日出后几小时由于太阳辐射和湍流的作用而消散。因此，与辐射冷却有关的冷却率应与雾顶高度密切相关。然而，本研究的目的是仅利用地面测量来估算雾顶高度，以往的研究结果证实可以用平均冷却率或地表冷却率来代替雾顶冷却率(Zhou et al.，2008)，本研究使用近地层冷却率来估算雾顶高度，结果如图 7.2a 所示，结果表明雾顶高度与近地层冷却率的相关较弱。雾顶高度差与冷却率的关系如图 7.2b 所示，结果表明：当冷却率大于 0 时，雾顶高度上升(雾顶高度差值大于 0)，当冷却率小于 0 时，雾顶高度下降。然而也有一些情况与辐射冷却支持雾发展的结论相

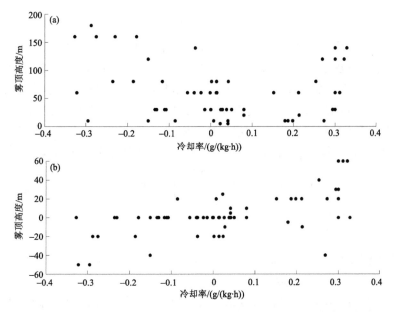

图 7.2　(a)雾顶高度与冷却率的散点图，(b)雾顶高度差与冷却率的散点图

反,其主要原因可能是辐射加热和地表与雾顶的冷却率差异。此外,结果表明湍流混合对雾顶高度的发展更为重要,尽管冷却率对雾的形成至关重要。

以往的研究表明,除了湍流,雾顶辐射冷却产生的浮力亦会影响雾的垂直发展。因此,选取感热通量作为表征雾中浮力强度的尺度参数,用于估算雾顶高度。与湍流强度估算的结果相比,雾顶高度与感热通量的关系较为复杂,散点较为分散,尤其是当感热通量接近 0 时。很明显雾顶高度与感热通量的关系可分为正感通量和负感通量两个阶段。由此推导出雾顶高度与感热通量绝对值的关系,得到公式(7.5),相关系数为 0.40(图 7.3a)。

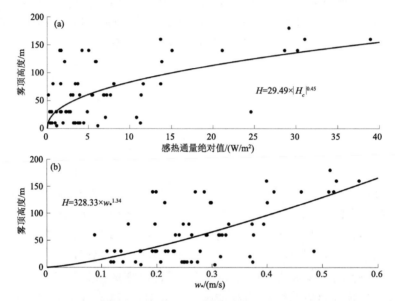

图 7.3 (a)雾顶高度与感热通量绝对值的散点图(实线表示公式(7.5)),
(b)对流速度尺度与雾厚度观测值的散点图(实线表示公式(7.7))

$$H = 29.49 \mid H_c \mid^{0.45} \qquad (7.5)$$

结果表明,感热通量的绝对值可以作为估算雾顶高度的一个潜在指标,但仅仅应用感热通量估算的雾顶高度与观测结果存在一定的差异。特别是在低感热通量的情况下,结果与Román-Cascón 等(2016)的结果相似,误差较大。因此,感热通量可能不是一个合适的表征浮力的指标,应寻找其他物理参数来表征辐射冷却引起的浮力。一旦出现雾,雾层由热稳定向弱不稳定转变,可以认为雾层混合良好。为了表示雾顶辐射冷却引起的浮力强度,引入了一种新的对流速度尺度(w_*)。需要注意的是,本节中的 w_* 是根据公式(7.6)计算得到的。

$$w_* = \left[\frac{g z_i}{\bar{\theta}} (\overline{w'\theta'})_s \right]^{1/3} = \left[-\frac{g z_i}{\bar{\theta}} u_* \theta_* \right]^{1/3} \qquad (7.6)$$

H 与 w_* 的关系如图 7.3b 所示,H 与 w_* 呈正相关,关系如下

$$H = 328.33 \times w_*^{1.34} \qquad (7.7)$$

式中,g 为重力加速度,z_i 为对应高度,$\bar{\theta}$ 为平均位温,$(\overline{w'\theta'})_s$ 为近地层感热温量,u_* 为摩擦速度,θ_* 为特征位温,w_* 为特征速度。

相关系数为 0.44。结果证实辐射冷却引起的浮力是雾发展的一个贡献因子,有助于雾层和雾顶之上干燥空气的混合。估算值和观测值存在一定的偏差,这是因为靠近地层的雾层并

不总是混合良好的雾。因此,雾顶辐射冷却的效果不能仅用 w_* 来表征。但是与感热通量相比,w_* 是一个更合适用于表征雾顶辐射冷却引起的浮力的指标,可以用来估算雾顶高度。

7.3　湍流强度和辐射冷双参量及雾顶高度估算

基于液态水收支,得到了辐射雾液态水收支中辐射冷却、液滴重力沉降和湍流混合等因素综合作用的渐近分布。根据湍流交换系数与雾层厚度的关系,提出了一个新的雾顶高度估计方法。

$$H_{\mathrm{mod}} = 1.45 \left(\frac{k_{\mathrm{m}}^2}{\beta(p,T)C_t} \right)^{\frac{1}{3}} + 35 \tag{7.8}$$

式中,k_{m} 为湍流交换系数,$\beta(p,T)$ 为单位质量的冷凝率,G 为冷却率。

相关系数为 0.26,散点图极为离散(图 7.4)。估算结果存在明显的低估,因此,这种方法不适合估算雾的厚度。估算值与观测值偏差较大可能是由于公式(7.8)是从雾成熟阶段的平衡条件得到的,不适合对整个雾生命周期的估计。综上所述,造成估算差的主要原因有两个:一是渐近公式只适用于耗散阶段的开始,二是冷却率与雾顶高度的关系复杂,且受辐射加热和液滴重力沉降等其他因素的影响。

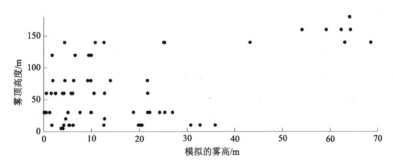

图 7.4　观测的雾顶高度与应用公式(7.8)估算的雾顶高度的散点图

已有的研究表明,雾的发展可归因于湍流混合和雾顶的辐射冷却,雾的生命周期主要取决于辐射冷却和湍流的平衡。此外,7.1 节和 7.2 节的结果表明,σ_w^2 和 w_* 是表征辐射冷却引起的湍流和浮力强度最合适的参数,而湍流和浮力强度与雾顶高度密切相关。因此,使用包含这两个物理参数的综合参数来估计雾顶高度。公式如下:

$$\tag{7.9}$$

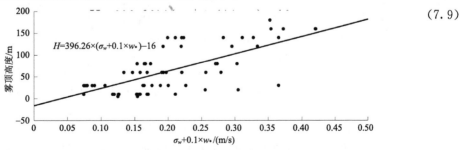

图 7.5　雾顶高度与垂直速度和 w_* 演变的散点图,实线表示关系公式(7.9)

相关系数高达 0.55。如图 7.5 所示可以观察到一些改进,这证实了雾的生命周期与湍流强度和辐射冷却密切相关。综上所述,公式(7.9)仅使用地表测量值亦可定量估算雾顶高度。但应用公式(7.9)估算的雾顶高度与观测仍存在一定程度的误差,需要寻找更合适的尺度参数代表湍流和辐射以及不同的组合来估算雾顶高度,同时也需要利用更多的辐射雾事件来估算雾顶高度并对结果进行验证。

7.4 温度梯度参量及雾顶高度估算

近地层的辐射冷却可以导致近地层的空气达到饱和,从而形成雾滴。一旦雾在近地层形成,雾层将经历从热力稳定到弱不稳定的转变。雾层内的湍流混合使雾层内温度均匀化,即温度收敛,不同高度的温度保持恒定。已有研究表明,可以通过垂直温度廓线法(TC 方法)估算雾厚度(Liu et al.,2011;Bari et al.,2015)。考虑雾存在于某一高度,当该高度的位温(θ_z)与表面位温(θ_s)之差小于阈值(θ_T)时,即:

$$|\Delta\theta| = |\theta_s - \theta_z| < \theta_T \tag{7.10}$$

满足此条件(公式(7.10))的最大高度即雾顶高度。使用位温可以避免与高度相关的影响。阈值的确定是准确估算雾厚度的关键,两个高度温度之间的不确定度为 0.4 ℃,因为与仪器相关的温度测量不确定度为 0.2 ℃。不同高度的位温差很小,Price(2011)和 Román-Cascón 等(2016)分别将阈值设置为 0.8 ℃和 1.2 ℃。在本研究中,使用不同的阈值进行估算,然后根据雾厚度的估算结果将阈值设置为 1.2 ℃。雾厚度估算结果与观测值的对比如图 7.6a 所示,估算结果与观测较为一致,决定系数高达 0.61,表明基于位温差的 TC 方法适合于雾厚度的估算(尽管存在一定程度的低估)。雾的演变过程中大气边界层结构是不同的,因此,为了准确估算雾厚度,采用不同的阈值及最小二乘法分别确定了雾发展阶段和消散阶段的 θ_T。最终将雾发展阶段和消散阶段的阈值分别设置为 1.2 ℃和 1 ℃。

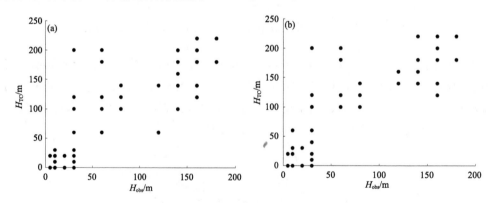

图 7.6 雾厚度观测值与使用 TC 方法(公式(7.10))估计的雾厚度散点图,其中
(a)阈值设为 1.2 ℃,(b)雾发展阶段和消散阶段的阈值分别设为 1.2 ℃和 1 ℃

TC 法估算的雾厚度与观测值的关系分为发展阶段和消散阶段,结果如图 7.6b 所示。不同阈值的选取对估算结果的改善不明显,相关系数略增大为 0.64,因此,应用 TC 方法时可以对整个雾生命周期使用同一个阈值。TC 方法基于雾内湍流混合引起温度辐合的理论,从而

导致不同高度的位温数值相同这一结果而建立的。然而，雾发展阶段和消散阶段的物理机制不同，雾顶辐射冷却和湍流混合导致雾顶升高，而雾消散是湍流、雾顶辐射冷却和雾顶夹卷的综合作用。两个阶段的温度收敛程度可能略有不同，然而在本研究中未观察到这一点，表明需要更多的雾事件来对 TC 方法进行改进。

相比位温，假相当位温似乎是更合适用于估算雾顶高度的表征量，因为该参数包含了水汽和液态水含量对温度的影响，更合理地描述了温度的垂直分布。因此，与公式(7.10)类似，利用高空与地面的假相当位温差值来确定雾顶高度。然而，使用位温和假相当位温估算的雾顶高度差异很小，因此，使用位温估算雾顶高度被认为是合理的。此外，以往的研究也表明，虽然使用不同的阈值对某些雾厚度的估算有一定的改善，但往往是以其他雾厚度的结果变差为代价的，因此，阈值的确定仍然是一个棘手的问题。此外，温度辐合不会发生在浅雾中，这与强逆温和弱湍流有关，因此，TC 方法不适用于估算浅雾的雾顶高度，但对于雾顶高度高于 100 m 的深度雾厚度的估算仍然是有效的方法。

7.5　雾顶高度不同估算方案比较

本研究涉及的所有参数化方案及其相关系数如表 7.1 所示。结果表明 $\sigma_w{}^2$ 和 w_* 分别是表征辐射冷却引起的湍流和浮力强度的最合适的量。因此，考虑湍流和辐射综合影响的新参数化方案是本研究提出的最佳雾顶高度参数化方案。虽然 TC 方法也可以利用垂直廓线数据准确估算雾顶高度，但新的参数化方案只需利用地面测量量便可估算雾顶高度。

表 7.1　本节涉及的所有参数化方案及对应的相关系数

物理机制	参数化方案	相关系数
湍流混合	$H=583.35\times u_*^{1.12}$	0.41
	$H=205.43\times(\text{TKE})^{0.68}$	0.44
	$H=420.10\times(\sigma_w^2)^{0.51}$	0.53
辐射冷却	$H=29.49\times|Hc|^{0.45}$	0.40
	$H=328.33\times w_*^{1.34}$	0.44
湍流混合和辐射冷却	$H=1.45\left(\dfrac{k_m^2}{\beta(p,T)C_t}\right)^{\frac{1}{3}}+35$	0.26
	$H=396.26\times(\sigma_w+0.1\times w_*)-16$	0.55
TC 方法	$|\Delta\theta|=|\theta_s-\theta_z|<1$	0.61

对比应用 Román-Cascón 等(2016)建立的参数化方案(公式(7.2))、本研究建立的参数化方案(公式(7.1)和公式(7.9))与 TC 方法估算的 2018 年 11 月天津一次浓雾和浅雾的雾顶高度，结果如图 7.7 所示。与观测相比，Román-Cascón 等(2016)建立的参数化方案(公式(7.2))对浓雾和浅雾都存在明显的高估。因此，Román-Cascón 等(2016)建立的参数化方案不能用来估计天津地区的雾顶高度。其他 3 种估计方法在浓雾中的表现均优于其在浅雾中的表现。对于浅雾，前文的结果已经指出，TC 方法不适用于估计浅雾的雾顶高度，因为浅雾中不会出现温度收敛。本节提出的新的参数化方案(公式(7.9))考虑了辐射冷却和湍流的综合

影响,因此,与其他参数化方案相比,使用公式(7.9)估算的雾顶高度更接近观测值。

此外,新的参数化方案(公式(7.9))可以近似地模拟出雾顶高度在雾生命周期中的时间演变特征,尽管对雾顶高度存在一定程度的低估。对于浓雾,TC方法在本研究使用的所有估算方法中表现最好,特别是对雾形成和发展阶段的估算值与观测值非常接近。然而应用TC方法获取雾顶高度会造价昂贵,在大多数地区无法实现。此外,为了应用TC方法准确地估算雾顶高度,雾顶高度附近的测点必须密集。因此,TC方法只能应用于少数站点,并且其估算结果强烈依赖廓线数据的阈值设置和垂直分辨率。与仅使用u_*和u_*与w_*组合的估计相比,使用新参数化方案(公式(7.9))估算的雾顶高度与观测值的一致性更好,特别是在雾发展阶段。新的参数化方案可以模拟出雾顶高度在雾消散阶段的时间演变特征,但存在一定程度的低估。

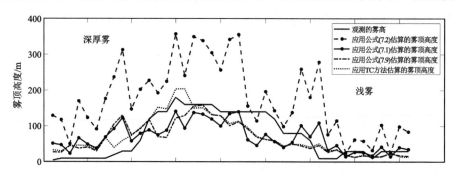

图 7.7 应用公式(7.1)、公式(7.2)、公式(7.9)和 TC 方法估算 2018 年的一次雾顶高度与观测的对比

综上所述,如果仅使用地面观测量来估算天津的雾顶高度,与其他方法相比,结合湍流和辐射冷却效应开发的新参数化方案(公式(7.9))表现最优。然而,除 TC 方法外,其他参数化方案均不能用于雾形成阶段的雾顶高度估计,在此阶段湍流对雾的影响是模糊的,因此,湍流对雾生命周期影响的认识有待进一步加强。

7.6 本章小结

本章利用天津 255 m 气象塔 2016 年观测到的所有辐射雾事件,发展了多种雾顶高度的估算方法,并利用 2018 年的个例对多种雾顶高度估算方法进行了评估。

分别采用摩擦速度(u_*)、TKE、垂直速度方差(σ_w^2)等表征湍流强度的物理量估算雾顶高度,并对结果进行了评价。结果显示,雾顶高度 H 与 u_* 和 TKE 均存在明显的正相关。与 u_* 和 TKE 相比,垂直速度方差(σ_w^2)是估计雾顶高度最合适的湍流强度表征量。结果证实湍流强度对雾的生命周期至关重要,并与雾顶高度密切相关。辐射冷却影响雾中的液态水平衡,因此,在雾的演变中起重要的作用。利用不同的辐射冷却表征量(地表冷却率和感热通量),分别估算雾顶高度。研究结果表明,地表冷却率与雾顶高度不存在明显的关系,其不适合用来估算雾顶高度。选取感热通量作为表征量表示雾顶辐射冷却产生的浮力,其估算的雾顶高度极为离散,与观测偏差较大。为了表征辐射冷却在雾顶产生的浮力,引入了新的表征量——对流速度尺度(w_*),并将其用于估计雾顶高度。结果 H 与 w_* 存在明显的正相关,且应用 w_* 估算的雾顶高度与观测值较为接近。

为了综合考虑湍流和辐射冷却的影响,采用不同表征量的不同组合来估算雾顶高度。基于辐射雾液态水收支中辐射冷却、液滴重力沉降和湍流混合三者综合作用的渐近液态水含量分布,提出了一种估算雾厚度的新方法。然而该方法估算的雾顶高度极为分散,表明该方法不适合估算整个雾生命周期的雾顶高度。σ_w^2 和 w_* 是反映辐射冷却引起的湍流和浮力强度最合适的表征量,因此可用来估算雾顶高度。得到公式 $H = 396.26 \times (\sigma_w + 0.1 \times w_*) - 16$,可用来准确估算雾顶高度。

由于雾层内的湍流混合,基于雾层内不同高度的温度近似恒定的理论,可通过垂直温度廓线估计雾厚度。根据公式估算雾顶高度,阈值设为 1.2 K。TC 法估算雾厚度的结果与观测值基本一致,相关系数高达 0.61。对阈值的分段设置对估算结果也有一定的改善,相关系数提高到 0.64。此外,本章还引入了假相当位温来确定雾顶高度,结果显示,应用位温和假相当位温估算的雾顶高度相差不大。对于 TC 方法的使用,阈值的确定仍然是一个棘手的问题。此外,由于强逆温和弱湍流,TC 方法不适用于估算浅雾的雾顶高度。

对比了不同参数化方案对深厚雾和浅雾的雾顶高度的估算值,结果表明 TC 方法对深厚雾的雾顶高度估算结果最好,但其对浅雾雾顶高度的估算结果较差。此外,由于 TC 方法成本高,在大多数地区不适用,且其结果强烈依赖廓线数据的阈值设置和垂直分辨率,导致 TC 方法只能在少数地点应用。应用本研究发展的新参数化方案(公式(7.9))估计的雾顶高度与观测值具有较好的一致性。结果证实本研究提出的考虑湍流和辐射冷却综合效应的新参数化方案可广泛用于仅利用地面观测值来估计雾顶高度。

参考文献

曹祥村,邵利民,李晓东,2012.黄渤海一次持续性大雾过程特征和成因分析[J].气象科技,40(1):92-99.

邓雪娇,吴兑,史月琴,等,2007.南岭山地浓雾的宏微观物理特征综合分析[J].热带气象学报,23(5):424-434.

樊高峰,马浩,张小伟,等,2016.相对湿度和PM2.5浓度对大气能见度的影响研究:基于小时资料的多站对比分析[J].气象学报,74(6):959-973.

傅刚,李鹏远,张苏平,等,2016.中国海雾研究简要回顾[J].气象科技进展,6(2):20-28.

郭晓峰,康凌,蔡旭晖,等,2006.华南农田下垫面地气交换和能量收支的观测研究[J].大气科学,30(3):453-463.

何群英,孙一昕,2017.天津地区一次回流降雪过程结构特征及发生机理分析[J].气象与环境学报,33(1):26-33.

胡波,杜惠良,郝世峰,等,2014.一种统计技术结合动力释用的沿海海雾预报方法[J].海洋预报,31(5):82-86.

黄辉军,黄健,刘春霞,等,2009.茂名地区海雾的微物理结构特征[J].海洋学报,31(2):17-23.

黄建平,朱诗武,1998.辐射雾的大气边界特征[J].南京气象学院学报,21(2):258-265.

黄玉生,黄玉仁,李子华,等,2000.西双版纳冬季雾微物理结构及演变过程[J].气象学报,58(6):715-725.

李延江,陈小雷,2014.渤海气象灾害与海洋灾害预报技术[M].北京:气象出版社.

李子华,2001.中国近40年来雾的研究[J].气象学报,59(5):616-624.

李子华,仲良喜,俞香仁,1992.西南地区和长江下游雾的时空分布和物理结构[J].地理学报,47(3):242-251.

李子华,黄建平,孙博阳,等,1999.辐射雾发展的爆发性特征[J].大气科学,23(5):623-631.

梁寒,聂安祺,吴曼丽,等,2015.渤海海峡至黄海北部低压顶部型海雾特征分析[J].环境科学与技术,38(12):158-163.

林燕,王茂书,林龙官,2013.四川省冬季雾的数值模拟及能见度参数化[J].南京信息工程大学(自然科学版),3:222-228.

牛生杰,陆春松,吕晶晶,等,2016.近年来中国雾研究进展[J].气象科技进展,6(2):6-19.

曲平,解以扬,刘丽丽,等,2014.1988—2010年渤海湾海雾特征分析[J].高原气象,33(1):285-293.

全国气象防灾减灾标准化技术委员会,2010.霾的观测和预报等级:QX/T 113—2010[S].北京:气象出版社.

全国气象防灾减灾标准化技术委员会,2011.雾的预报等级:GB/T 27964—2011[S].北京:中国标准出版社.

宋润田,孙俊廉,2000.冷雾的边界层温湿层结特征[J].气象,26(1):43-45.

宋润田,金永利,2001.一次平流雾边界层风场和温度场特征及其逆温控制因子的分析[J].热带气象学报,17(4):443-451.

唐浩华,范绍佳,吴兑,等,2002.南岭山地浓雾的微物理结构及演变过程[J].中山大学学报:自然科学版,41(4):92-96.

田梦,吴彬贵,黄鹤,等,2020.环渤海近海岸雾产生的天气条件及边界层特征分析[J].气候与环境研究,25(2):199-210.

王彬华,1983.海雾[M].北京:海洋出版社.

王冠岚,孙莎莎,孙柏堂,等,2021.2018年6月青岛海域一次海雾过程分析[J].气象与环境科学,44(1):29-35.

王宏,郑秋萍,洪有为,等,2020.2017年漳州海陆风特征与冬春季污染物浓度关系[J].气象与环境学报,36(3):33-40.

沃鹏,张霭琛,1999.寒潮冷锋过境期间湍流特征量及其谱分析[J].大气科学,23(3):369-376.

吴彬贵,解以扬,吴丹朱,等,2009.京津塘高速公路秋冬季低能见度及应对措施[J].自然灾害学报,18(4):12-17.

吴彬贵,张宏昇,张长春,等,2010.华北地区平流雾过程湍流输送及演变特征[J].大气科学,34(2):440-448.

吴彬贵,张建春,李英华,等,2017.天津港秋冬季能见度数值释用预报研究[J].气象,43(7):863-871.

吴兑,2005.关于霾与雾的区别和灰霾天气预警的讨论[J].气象,31(4):3-7.

吴兑,吴晓京,朱小祥,2009.雾和霾[M].北京:气象出版社.

吴晓京,李三妹,廖蜜,等,2015.基于20年卫星遥感资料的黄海、渤海海雾分布季节特征分析[J].海洋学报,37(1):63-72.

杨成芳,2010.渤海海效应暴雪的多尺度研究[D].南京:南京信息工程大学.

岳岩裕,牛生杰,赵丽娟,等,2013.湛江地区近海岸雾产生的天气条件及宏微观特征分析[J].大气科学,37(3):609-622.

张光智,卞林根,王继志,等,2005.北京及周边地区雾形成的边界层特征[J].中国科学D辑,35(增刊Ⅰ):73-78.

张宏昇,李富余,陈家宜,2004.不同下垫面湍流统计特征研究[J].高原气象,23(5):598-604.

赵德山,洪钟祥,1981.典型辐射逆温生消过程中的爆发性特征[J].大气科学,5(4):407-415.

赵鸣,苗曼倩,王彦昌,1991.边界层气象学[M].北京:气象出版社.

赵玉广,李江波,李青春,2015.华北平原3次持续性大雾过程的特征及成因分析[J].气象,41(4):427-437.

郑怡,2013.渤海海效应暴雪云团的观测分析与数值研究[D].中国海洋大学:1-86.

郑怡,李冉,史得道,等,2016.渤海中西部近海与沿岸海雾的特征分析[J].海洋预报,33(6):74-79.

中国气象局,2020.地面气象自动观测规范(第一版)[M].北京:气象出版社.

周明煜,姚文清,徐祥德,2005.北京城市大气边界层低层垂直动力和热力特征及其污染物浓度关系的研究[J].中国科学D辑,35(增刊Ⅰ):20-30.

周雪松,杨成芳,孙兴池,2019.基于卫星识别的渤海海效应事件基本特征分析[J].海洋气象学报,39(1):26-37.

ANDREAS E L,2000. Low level atmospheric jets and inversions over the western Weddell Sea[J]. Boundary Layer Meteorology,97(3):459-486.

ANDREAS E L,HILL R J,GOSZ J R,et al,1998. Statistics of surface-Layer turbulence over terrain with metre-scale heterogeneity[J]. Boundary-Layer Meteorology,86(3):379-408.

BAAS P,BOSVELD F C,KLEIN BALTINK H,et al,2009. A climatology of nocturnal low-level jets at Cabauw[J]. Journal of Applied Meteorology and Climatology,48(8):1627-1642.

BALSLEY B B,SVENSSON G,TJERNSTORM M,2008. On the scale-dependence of the gradient richardson number in the residual layer[J]. Boundary-Layer Meteorology,127:57-72.

BANTA R M,PICHUGINA Y L,NEWSOM R K,2003. Relationship between low-level jet properties and turbulence kinetic energy in the nocturnal stable boundary layer[J]. Journal of Atmospheric Sciences,60(20):2549-2555.

BANTA R M,PICHUGINA Y L,BREWER W A,2006. Turbulent velocity-variance profiles in the stable boundary layer generated by a nocturnal low-level jet[J]. Journal of the Atmospheric Sciences,63(11):2700-2719.

BARI D,2019. A preliminary impact study of wind on assimilation and forecast systems into the one-dimensional fog forecasting model COBEL-ISBA over Morocco[J]. Atmosphere,10(10):615.

BARI D,BERGOT T,EL KHLIFI M,2015. Numerical study of a coastal fog event over Casablanca,Morocco [J]. Quarterly Journal of the Royal Meteorological Society,141(690):1894-1905.

BERGOT T,2013. Small-scale structure of radiation fog:A large-eddy simulation study[J]. Quarterly Journal of the Royal Meteorological Society,139(673):1099-1112.

BERGOT T,2016. Large-eddy simulation study of the dissipation of radiation fog[J]. Quarterly Journal of the Royal Meteorological Society,142(695):1029-1040.

BERGOT T,ESCOBAR J,MASSON V,2015. Effect of small-scale surface heterogeneities and buildings on radiation fog:Large-eddy simulation study at Paris-Charles de Gaulle airport[J]. Quarterly Journal of the Royal Meteorogical Society,141(686):285-298.

BLACKADAR A K,1957. Boundary layer wind maxima and their significance for the growth of nocturnal inversions[J]. Bulletin of The American Meteorological Society,38(5):283-290.

BONNER W D,1968. Climatology of the low-level jet[J]. Monthly Weather Review,96(12):833-850.

BROWN R,ROACH W T,1976. The physics of radiation fog:II-A numerical study[J]. Quarterly Journal of the Royal Meteorological Society,102(432):335-354.

CACHORRO V E,DE FRUTOS A M,Gonzalez M J,1993. Analysis of the relationships between Junge size distribution and Angstrom a turbidity parameters from spectral measurements of atmospheric aerosol extinction[J]. Atmospheric Environment Part A-General Topics,27(10):1585-1591.

CAO X C,SHAO L M,LI X D,2014. Research on parameterization scheme of visibility in fog model [C]. In proceedings of the 31st Annual Meeting of the Chinese Meteorological Society, Beijing, China, 3 November 2014.

CAUGHEY S J,CREASE B A,ROACH W T,1982. A field study of nocturnal stratocumulus II:Turbulence structure and entrainment[J]. Quarterly Journal of the Royal Meteorological Society,108(455):125-144.

CHEN G T J,YU C C,1988. Study of low-level jet and extremely heavy rainfall over northern Taiwan in the Mei-Yu season[J]. Monthly Weather Review,116(4):884-891.

CHEN G T J,YU C C,1994. A diagnostic study of the low-level jet during TAMEX IOP 5[J]. Monthly Weather Review,122(10):2257-2284.

CHEN G T J,WANG C C,LIN D T W,2005. Characteristics of low-level jets over northern Taiwan in Mei-Yu season and their relationship to heavy rain events[J]. Monthly Weather Review,133(1):20-43.

CLARK P A,HARCOURT S A,MACPHERSON B,et al,2008. Prediction of Visibility and aerosol within the operational Met Office Unified Model. I:Model formulation and variational assimilation[J]. Quarterly Journal of the Royal Meteorogical Society,134(636):1801-1816.

DARBY L S,ALLWINE K J,BANTA R M,2006. Nocturnal low-level jet in a mountain basin complex Part II:Transport and diffusion of tracer under stable conditions[J]. Journal of Applied Meteorology and Climatology,45(5):740-753.

DE BRUIN H A R,KOHSIEK W,VAN DEN HURK J J M,1993. A verification of some methods to determine the fluxes of momentum,sensible heat,and water vapour using standard deviation and structure parameter of scalar meteorological quantities[J]. Boundary-layer Meteorology,63(3):231-257.

DERBYSHIRE H,1990. Nieuswtadt's Stable Boundary Layer Revisited[J]. Quarterly Journal of the Royal Meteorological Society,116(491):127-158.

DU Y,ZHANG Q H,CHEN Y L,et al,2014. Numerical simulations of spatial distributions and diurnal variations of low-level jets in China during early summer[J]. Journal of Climate,27(15):5747-5767.

ECWMF,2021. IFS DOCUMENTATION-Cy47r3,Operational Implementation[M]. Part IV:Physical Processes;European Centre for Medium-Range Weather Forecasts:Shinfield Park,Reading,RG29AX,UK12 October.

ELDRIDGE R G,1966. Haze and fog aerosol distributions[J]. Journal of the Atmospheric Sciences,23(5):605-613.

ELDRIDGE R G,1971. The relationship between visibility and liquid water content in Fog[J]. Journal of the Atmospheric Sciences,8(28):1183-1186.

FABBIAN D D,R LELLYETT S,2007. Application of artificial neural network forecasts to predict fog at Canberra International Airport[J]. Weather Forecast,22(2):372-381.

FINDLATER J,ROACH W,MCHUGH B,et al,1989. The haar of North-East Scotland[J]. Quarterly Journal of the Royal Meteorological Society,115(487):581-608.

FINNIGAN J J,2004. A re-evaluation of long-term flux measurement techniques-Part II:Coordinate systems

[J]. Boundary-layer Meteorology,113(1):1-41.

FITZJARRALD D R,LALA G G,1989. Hudson valley fog environments[J]. Journal of Applied Meteorology, 28(12):1303-1328.

FOKEN T,2006. 50 years of the Monin-Obukhov similarity theory[J]. Boundary-Layer Meteorology,119(3): 431-447.

FRANK G,MARTINSSON B G,CEDERFELT S I,1998. Droplet formation and growth in polluted fogs[J]. Contributions to Atmospheric Physics,71(1):65-85.

FU G,GUO J,XIE S P,et al,2006. Analysis and high-resolution modeling of a dense sea fog event over the Yellow Sea[J]. Atmospheric Research,81(4):293-303.

FU G,GUO J,PENDERGRASS A,et al,2008. An analysis and modeling study of a sea fog event over the Yellow and Bohai Seas[J]. Journal of Ocean University of China,7(1):27-34.

FU G,SONG Y J,2014. Climatology characteristics of sea fog frequency over the Northern Pacific[J]. Journal of Ocean University of China,10(44):35-41.

FUZZI S,FACCHINI M C,ORSI G,et al,1996. The NEVALPA project:A regional network for fog chemical climatology over the PO Valley basin[J]. Atmospheric Environment,30(2):201-213.

GALPERIN B,SUKORIANSKY S,ANDERSON P S,2007. On the critical Richardson number in stably stratified turbulence[J]. Atmospheric Science Letters,8(3):65-69.

GAO S H,LIN H,SHEN B,ET AL,2007. A heavy sea fog event over the Yellow Sea in March 2005:Analysis and numerical modeling[J]. Advances in Atmospheric Sciences,24(1):65-81.

GONSER S G,KLEMM O,GRIESSBAUM F,et al,2011. The relation between humidity and liquid water content in fog:An experimental approach[J]. Pure and Applied Geophysics,169:821-833.

GOODMAN J,1977. The microstructure of California coastal fog and stratus[J]. Journal of Applied Meteorology and Climatology,10:1056-1067.

GU Y,KUSAKA H,DOAN V Q,TAN J,2019. Impacts of urban expansion on fog types in Shanghai,China: Numerical experiments by WRF model[J]. Atmospheric Research,220(5):57-74.

GULTEPE I,2007. Fog and boundary layer clouds:introduction[J]. Pure Appl. Geophys,164:1115-116.

GULTEPE I,2008. Fog and boundary layer clouds:fog visibility and forecasting[M]. Birkhäuser Verlag AG: Basel Switzerland.

GULTEPE I,STARR D O,1995. Dynamical structure and turbulence in cirrus clouds:Aircraft observations during FIRE[J]. Journal of the Atmospheric Sciences,52(23):4159-4182.

GULTEPE I,ISAAC G A,2006a. Visibility versus precipitation rate and relative humidity[C]//In Proceedings of the Wisconsin:Meteorological Society,P2. 55. 12th Cloud Physics Conference Madison,America.

GULTEPE I,MULLER M D,BOYBEYI Z,2006b. A new visibility parameterization for warm-fog applications in numerical weather prediction models[J]. Journal of Applied Meteorology Climatology,45(11):1469-1480.

GULTEPE I,Milbrandt J A,2009. Probabilistic parameterizations of visibility using observations of rain precipitation rate,relative humidity, and visibility[J]. Journal of Applied Meteorology,49:36-46.

GUO L,GUO X,FANG C,et al,2015. Observation analysis on characteristics of formation,evolution and transition of a long-lasting severe fog and haze episode in North China[J]. Science China Earthences,58(3):329-344.

HAN S Q,CAI Z Y,ZHANG Y F,et al,2015. Long-term trends in fog and boundary layer characteristics in Tianjin, China[J]. Particuology,20:61-68.

HANEL G,1976. The properties of atmospheric aerosol particles as functions of the relative humidity at thermodynamic equilibrium with the surrounding moist air[J]. Advances in Geophysics,19(12):73-188.

HANSEN B,2007. A fuzzy logic-based analog forecasting system for ceiling and visibility[J]. Weather Forecast,22(6):1319-1330.

HAO T,HAN S,CHEN S,et al,2017. The role of fog in haze episode in Tianjin,China:A case study for November 2015[J]. Atmospheric Research,194 (9):235-244.

HILL R J,OCHS G R,WILSON J J,1992. Measuring surface-layer fluxes of heat and momentum using optical scintillation[J]. Boundary-Layer Meteorology,58(4):391-408.

HOGSTROM U,1988. Non-dimensional wind and temperature profiles in the atmospheric surface-layer-A re-evaluation[J]. Boundary-Layer Meteorology,42(1-2):55-78.

HOGSTROM U,SMEDMAN-HOGSTROM A S,1974. Turbulence mechanisms at an agricultural site[J]. Boundary-Layer Meteorology,7(3):373-389.

HONG S Y, NOH Y, DUDHIA J, 2006a. A new vertical diffusion package with an explicit treatment of entrainment processes[J]. Monthly Weather Review,134(9):2318-2341.

HONG S Y,LIM J,2006b. The WRF single-moment 6-class microphysics scheme(WSM6)[J]. Journal of the Korean Meteorological Society,42(2):129-151.

HORVATH H,1967. On the applicability of the koschmieder Visibility formula[J]. Atmospheric Environment,5(3):177-184.

HOUGHTON H G,RADFORD W H,1938. On the measurement of drop size and liquid water content in fogs and clouds[J]. Phys Oceanogr Meteorol,6:1-31.

HU H,SUN J,ZHANG Q,2017. Assessing the impact of surface and wind profiler data on fog forecasting using WRF 3DVAR:An OSSE study on a dense fog event over North China[J]. Journal of Applied Meteorology Climatology,56(4):1059-1081.

HU X M,KLEIN P M,XUE M,et al,2013a. Impact of the vertical mixing induced by low-level jets on boundary layer ozone concentration[J]. Atmospheric Environment,70:123-130.

HU X M,KLEIN P M,XUE M,et al,2013b. Impact of low-level jets on the nocturnal urban heat island intensity in Oklahoma city[J]. Journal of Applied Meteorology and Climatology,52(8):1779-1802.

HUANG H,LIU H,HUANG J,et al,2015. Atmospheric boundary layer structure and turbulence during sea fog on the Southern China Coast[J]. Monthly Weather Review,143(5):1907-1923.

IACONO M J,DELAMERE J S,MLAWER E J,et al,2008. Radiative forcing by long-lived greenhouse gases: Calculations with the AER radiative transfer models[J]. Journal of Geophysical Research Atmospheres,113 (13):2-9.

IZHAR S,GUPTA T,PANDAY A K,2020. Scavenging efficiency of water soluble inorganic and organic aerosols by fog droplets in the Indo Gangetic Plain[J]. Atmospheric Research, 235:104767.

JU T T,WU B G,ZHANG H S,et al,2020. Characteristics of turbulence and dissipation mechanism in a polluted radiation-advection fog life cycle in Tianjin[J]. Meteorology and Atmospheric Physics,1(1):1-17.

KOENIG L R,1971. Numerical experiments pertaining to warm-fog clearing[J]. Monthly Weather Review,99: 227-241.

KORACIN D,2017. Modeling and forecasting marine fog // Marine Fog:Challenges and Advancements in Observations,Modeling,and Forecasting[M]. Springer International Publishing:Cham:Switzerland.

KORACIN D,DORMAN C E,LEWIS J M,et al,2014. Marine fog: A review[J]. Atmospheric Research,143 (6):142-175.

KOSCHMIEDER H,1924. Theorie der horizontalen sichtweite[J]. Beitrage zur Physik der freien Atmosphare (12):33-53,171-181.

KUNKEL B A,1984. Parameterization of droplet terminal velocity and extinction coefficient in fog models[J]. Journal of Applied Meteorology and Climatology,23(1):34-41.

KUTSHER J,HAIKIN N,SHARON A,et al,2012. On the formation of an elevated nocturnal inversion layer in the presence of a low-level jet:a case study[J]. Boundary-Layer Meteorology,144(3):441-449.

LEE Z,SHANG S,2016. Visibility:How applicable is the century-old Koschmieder model[J]. Journal of the Atmospheric Sciences,73(11):4573-4581.

LEWIS J M,KORACIN D,RABIN R,et al,2003. Sea fog off the California Coast:Viewed in the Context of

Transient Weather Systems[J]. Journal of Geophysical Research,108(15):4457-4473.

LEWIS J M,KORACIN D,REDMOND K T,2004. Sea fog research in the United Kingdom and United States: A historical essay including outlook[J]. Bulletin of American Meteorological Society,85(3):395-408.

LEYTON S M,FRITSCH J M,2003. Short-term probabilistic forecasts of ceiling and visibility utilizing high-density surface weather observations[J]. Weather Forecast,18(5):891-902.

LI P H,WANG Y,LI Y H,et al,2010. Characterization of polycyclic aromatic hydrocarbons deposition in $PM_{2.5}$ and cloud/fog water at Mount Taishan[J]. Atmospheric Environment,44(16):1996-2003.

LI Q H,WU B B,LIU J,et al,2020. Characteristics of the atmospheric boundary layer and its relation with $PM_{2.5}$ during haze episodes in winter in the North China Plain[J]. Atmospheric Environment,223(15):1-10.

LI Y P,ZHENG Y X,2015a. Analysis of atmospheric turbulence in the upper layers of sea fog[J]. Chinese Journal of Oceanology and Limnology,33(3):809-818.

LI Y P,ZHENG Y X,2015b. Interaction of nocturnal low-level jets with urban geometries as seen in joint urban 2003 data[J]. Journal of Applied Meteorology and Climatology,47(1):44-58.

LIN J C H,TAI J H,FENG C H,et al,2010. Towards improving visibility forecasts in Taiwan: A statistical approach[J]. Terrestrial Atmospheric and Ocean Science,21(2):359-374.

LIN Y,YANG J,BAO Y S,et al,2010. The numerical simulation of Visibility during the fog in Shanxi province in winter[J]. Journal of Nanjing University of Information Science&Technology(National Science Edition),2(5):436-444.

LIU D Y,PU M J,TIAN M,et al,2009. Microphysical structure and evolution of a four-day persistent fog event in Nanjing in December 2006[J]. Acta Meteorological Sinica,24(1):104-115.

LIU D Y,YANG J,NIU S J,et al,2011. On the evolution and structure of a radiation fog event in Nanjing[J]. Advances in Atmospheric Sciences,28(1):223-237.

LIU Q,WU B,WANG Z,et al,2020. Fog droplet size distribution and the interaction between fog droplets and fine particles during dense fog in Tianjin, China [J]. Multidisciplinary Digital Publishing Institute, 11(3):258.

LIU Q,WANG Z Y,WU B G,et al,2021. Microphysics of fog bursting in polluted urban air[J]. Atmospheric Environment,253(10):1-11.

LUNDQUIST J K,MIROCHA J D,2008. Interaction of nocturnal low-level jets with urban geometries as seen in joint urban 2003 data[J]. Journal of Applied Meteorology and Climatology,47(1):44-58.

MA C J,KASAHARA M,TOHNO S,et al,2003. A replication technique for the collection of individual fog droplets and their chemical analysis using micro-PIXE[J]. Atmospheric Environment,37(33):4679-4686.

MAHRT L, VICKERS D, 2002. Contrasting vertical structures of nocturnal boundary layers[J]. Boundary-Layer Meteorology,105(2):351-363.

MAJOR G I,TAYLOR R F C,MET SOC F R,1917. The formation of fog and mist[J]. Quarterly Journal of the Royal Meteorological Society,43(183):241-268.

MALHI Y S,1995. The significance of the dual solutions for heat fluxes measured by the temperature fluctuation method in stable conditions[J]. Boundary-Layer Meteorology,74(4):389-396.

MALONE T,1951. Compendium of meteorology:American Meteorological Society[M]. Boston,MA, USA.

MANCINELLI V,DECESARI S,EMBLICO L,et al,2006. Extractable iron and organic matter in the suspended insoluble material of fog droplets[J]. Water Air&Soil Pollution,174(1/4):303-320.

MARTINET P,CIMINI D,BURNET F,et al,2020. Improvement of numerical weather prediction model analysis during fog conditions through the assimilation of ground-based microwave radiometer observations: A 1D-Var study[J]. Atmosphere Measurement Technique,13(12):6593-6611.

MARZBAN C,LEYTON S,COLMAN B,2007. Ceiling and visibility forecasts via neural networks[J]. Weather Forecast,22(3):466-479.

MEYER M B,JIUSTO J E,LALA G G,1980. Measurements of visual Range and radiation-fog(haze)microphysics[J]. Journal of the Atmospheric Sciences,37(3):622-629.

MILBRANDT J A,YAU M K,2005. A multimoment bulk microphysics parameterization. Part I: Analysis of the role of the spectral shape parameter[J]. Journal of the Atmospheric Sciences,62:3051-3064.

MITCHELL M J,ARRITT R W,LABAS K,1995. A climatology of the warm season Great Plains low-level jet using wind profiler observations[J]. Weather Forecasting,10(3):576-591.

MOORES J E,KOMGUEM L,WHITEWAY J A,et al,2011. Observations of near-surface fog at the Phoenix Mars landing site[J]. Geophysical Research Letters,38(4):203.

NAKANISHI M,2000. Large-eddy simulation of radiation fog[J]. Boundary-Layer Meteorology,94(3):461-493.

NIU S J,LU C S,LU J J,et al,2016. Advances in fog research in China[J]. Advances in Meteorological Science and Technology,6(2):6-19.

NIU S,LU C,YU H,et al,2010a. Fog research in China:An overview[J]. Advances in Atmospheric Sciences,27(3):639-662.

NIU S,LU C,LIU Y,et al,2010b. Analysis of the microphysical structure of heavy fog using a droplet spectrometer:A case study[J]. Advances in Atmospheric Sciences,27(6):1259-1275.

OLIVER D A,LEWELLEN W S,Williamson G G,1978. The interaction between turbulent and radiative transport in the development of fog and low-level stratus[J]. Journal of the Atmospheric Sciences,35(2):301-316.

PASINI A,PELINO V,POTESTÀ S,2001. A neural network model for Visibility nowcasting from surface observations:Results and sensitivity to physical input variables[J]. Journal of Geophysical Research Space Physics,106(D14):14951-14959.

PETTERSSEN S,CALABRESE P A,1959. On some weather influences due to warming of the air by the Great Lakes in Winter[J]. Journal of the Atmospheric Sciences,16(6):646-652.

PHAM N T,NAKAMURA K,FURUZAWA F A,et al,2008. Characteristics of low level jets over Okinawa in the Baiu and post-Baiu seasons revealed by wind profiler observations[J]. Journal of the Meteorological Society of Japan,86(5):699-717.

PHILIP A,BERGOT T,BOUTELOUP Y,et al,2016. The impact of vertical resolution on fog forecasting in the Kilometric-scale model AROME:A case study and statistics[J]. Weather Forecast,31(5):1655-1671.

PILIE R,MACK E,ROGERS C,et al,1979. The formation of marine fog and the development of fog-stratus systems along the California Coast[J]. Journal of Applied Meteorology and Climatology,18(10):1275-1286.

PINNICK R G,HOIHJELLE D L,Fernandez G,et al,1978. Vertical structure in atmospheric fog and haze and its effects on visible and infrared extinction[J]. Journal of the Atmospheric Sciences,35(10):2020-2032.

PORSON A,PRICE J,LOCK A,et al,2011. Radiation fog part II:Large-eddy simulations in very stable conditions[J]. Boundary Layer Meteorol,139(2):193-224.

PRICE J,2011. Radiation fog part I:Observations of stability and drop size distributions[J]. Boundary-layer Meteorology,139(2):167-191.

PRICE J D,2019. On the formation and development of radiation fog:An observational study[J]. Boundary-Layer Meteorology,172:167-197.

QUAN J,ZHANG Q,HE H,et al,2011. Analysis of the formation of fog and haze in North China Plain(NCP)[J]. Atmosphere Chemisty and Physics,49(11):8205-8214.

ROACH W T,1976. Effective of radiative exchange on growth by consideration of a cloud or fog droplet[J]. Quarterly Journal of the Royal Meteorogical Society,102(432):361-372.

ROMÁN-CASCÓN C,STEENEVELD G J,YAGÜE C,et al,2016. Forecasting radiation fog at climatologically contrasting sites:evaluation of statistical methods and WRF[J]. Quarterly Journal of the Royal Meteorological Society,142(695):1048-1063.

ROQUELAURE S,BERGOT T,2008. A local ensemble prediction system for fog and low clouds:Construction, bayesian model averaging calibration, and Validation[J]. Journal of Applied Meteorology Climatology, 47(12):3072-3088.

ROQUELAURE S, BERGOT T, 2009a. Contributions from a Local Ensemble Prediction System(LEPS) for improving fog and low cloud forecasts at airports[J]. Weather Forecast, 24(1):39-52.

ROQUELAURE S, TARDIF R, REMY S, et al, 2009b. Skill of a ceiling and visibility local ensemble prediction System(LEPS) according to fog-type prediction at Paris-Charles de Gaulle Airport[J]. Weather Forecast, 24 (6):1511-1523.

ROTH M, 1993. Turbulent transfer relationships over an Urban Surface Ii Integral Statistics [J]. Quarterly Journal of the Royal Meteorological Society, 119(513):1105-1120.

RYERSON W R, HACKER J P, 2014. The potential for mesoscale visibility predictions with a multimodel ensemble[J]. Weather Forecast, 29(3):543-562.

RYERSON W R, HACKE J P, 2018. A nonparametric ensemble postprocessing approach for short-range visibility predictions in Data-Sparse Areas[J]. Weather Forecast, 33(3):835-855.

SHEN X J, SUN J Y, ZHANG X Y, et al, 2015. Characterization of submicron aerosols and effect on Visibility during a severe haze-fog episode in Yangtze River Delta, China[J]. Atmospheric Environment, 120(11): 307-316.

SHI C, ROTH M, ZHANG H, et al, 2008. Impacts of urbanization on long-term fog variation in Anhui province, China[J]. Atmospheric Environment, 42(36):8484-8492.

SILVERMAN B A, KUNKEL B A, 1970. A numerical model of warm fog dissipation by hygroscopic particle seeding[J]. Journal of Applied Meteorology, 9(4):627-633.

SINGH A, DEY S, 2012. Influence of aerosol composition on Visibility in megacity Delhi[J]. Atmospheric Environment, 62(1):367-373.

SKAMAROCK W C, KLEMP J B, DUDHIA J, et al, 2019. Description of the advanced research WRF model version 4[R]. NCAR Technical Note:NCAR/TN-475+STR:145.

SMEDMAN A S, HOGSTROM U, HUNT J C R, et al, 2007a. Heat/mass transfer in the slightly unstable atmospheric surface layer[J]. Quarterly Journal of the Royal Meteorological Society, 133(622):37-51.

SMEDMAN A S, HOGSTROM U, SAHLEE E, et al, 2007b. Critical re-evaluation of the bulk transfer coefficient for sensible heat over the ocean during unstable and neutral Conditions[J]. Quarterly Journal of the Royal Meteorological Society, 133(622):227-250.

SMIRNOVA T G, BENJAMIN S G, BROWN J M, 2000. Case study verification of RUC/MAPS fog and visibility forecasts [C]. preprints, 9th Conference on Aviation, Range and Aerospace Meteorology, AMS: Orlando, FL, USA.

SOHONI V V, PARANJPE M M, 2010. Fog and relative humidity in India[J]. Quarterly Journal of the Royal Meteorogical Society, 60(253):15-22.

STEENEVELD G J, RONDA R J, HOLTSLAG A A M, 2015. The challenge of forecasting the onset and development of radiation fog using mesoscale atmospheric models[J]. Boundary-Layer Meteorology, 154(2): 265-289.

STOELINGA M T, WARNER T T, 1999. Nonhydrostatic, mesobeta-scale model simulations of cloud ceiling and visibility for an East Coast winter precipitation event[J]. Journal of the Atmospheric Sciences, 38(4): 385-404.

STULL R B, 1988. An Introduction to Boundary Layer Meteorology[M]. Springer Netherlands.

TAGE A, STEFAN N, 1990. Topographically induced convective snow-bands over the Baltic sea and their precipitation distribution[J]. Weather and Forecasting, 5(2):299-312.

THORPE A J, HOSKINS B J, INNOCENTINI V, 1989. The parcel method in a baroclinic atmosphere[J]. Journal of the Atmospheric Sciences, 46(9):1274-1284.

TIAN M, WU B G, HUANG H, et al, 2019. Impact of water vapor transfer on a Circum-Bohai-Sea heavy fog:

Observation and numerical simulation[J]. Atmospheric Research,229(11):1-22.

TILLMAN J E,1972. The indirect determination of stability, heat and momentum fluxes in the atmospheric Boundary layer from simple scalar variables during dry unstable conditions[J]. Journal of Applied Meteorology,11(5):783-792.

VALI G,POLITOVICH M K,BAUMGARDNER D G,1979. Conduct of Cloud Spectra Measurements[M]. Air Force Geophysics Laboratory,Wright-Patterson AFB:Fairborn,OH,USA.

VAN OLDENBORGH G J,YIOU P,VAUTARD R,2010. On the roles of circulation and aerosols in thedecline of mist and dense fog in Europe over the last 30 years[J]. Atmosphere Chemisty and Physics Discussion,10(10):4597-4609.

WANG Q,ZHANG S P,WANG Q,et al,2018. A fog event off the Coast of the Hangzhou bay during Meiyu period in June 2013[J]. Aerosol and Air Quality Research,18(1):91-102.

WANG T,NIU S,LÜ J,et al,2019. Observational study on the supercooled fog droplet spectrum distribution and icing accumulation mechanism in Lushan,Southeast China[J]. Advances in Atmospheric Sciences,36(1):29-40.

WEI W,WU B G,YE X X,et al,2013. Characteristics and mechanisms of low-level jets in the Yangtze River Delta of China[J]. Boundary-Layer Meteorology,149(3):403-424.

WEI W,ZHANG H S,Y X X,2014. Comparison of low-level jets along the north coast of China in summer[J]. Journal of Geophysical Research:Atmospheres,119(16):9692-9706.

WHITEMAN C D,BIAN X D,ZHONG S T,1997. Low-level jet climatology from enhanced rawinsonde observations at a site in the southern Great Plains[J]. Journal of Applied Meteorology and Climatology,10(3):576-591.

WILSON T H,FOVELL R G,2018. Modeling the evolution and life cycle of radiative cold pools and fog[J]. Weather and Forecasting,33(1):203-220.

WMO,2006. WMO Guide to Meteorological Instruments and Methods of Observation. Secretariat of the WMO:Geneva,Switzerland.

WOBROCK W,JAESCHKE W,SCHELL,et al,1998. Observations of the turbulence structure of wind, temperature and liquid water content in a foggy surface layer[J]. Contributions to Atmospheric Physics,71(1):171-187.

WU Y,RAMAN S,1998. The summertime Great Plains low level jet and the effect of its origin on moisture transport[J]. Boundary-Layer Meteorology,88(3):445-466.

WYNGAARD J C,COTE O R,IZUMI Y,1971. Local free convection,similarity,and budgets of shear stress and heat flux[J]. Journal of Atmospheric Sciences,28(7):1171-1182.

YAGUE C,VIANA S,MAQUEDA G,et al,2006. Influence of stability on the flux-profile relationships for wind speed,ϕ_m,and temperature,ϕ_h,for the stable atmospheric boundary layer[J]. Nonlinear Processes in Geophysics,13(2):185-203.

YANG M,GUO X Y,ZHENG J Y,2022. Long-term trend and inter-annual variation of ocean heat content in the Bohai,Yellow,and East China Seas[J]. Water,14:2763.

YE X X,SONG Y,CAI X H,et al,2016. Study on the synoptic flow patterns and boundary layer process of the severe haze events over the North China Plain in January 2013[J]. Atmospheric Environment,124(1):129-145.

ZHOU B B,FERRIER B S,2008. Asymptotic analysis of equilibrium in radiation fog[J]. Journal of Applied Meteorology and Climatology,47(6):1704-1722.

ZHOU B,DU J,2010. Fog prediction from a multimodel mesoscale ensemble prediction system[J]. Weather Forecast,25(1):303-322.